COMMENCEMENT DU TEMPS
ET FIN DE LA PHYSIQUE ?

Du même auteur

Une brève histoire du temps. Du big bang aux trous noirs, Flammarion, 1989 ; coll. « Champs », 1991, 2008

Qui êtes-vous Mister Hawking ?, Odile Jacob, 1994

Trous noirs et bébés univers, Odile Jacob, 1994 ; coll. « Poches », 2000

La Nature de l'espace et du temps (avec Roger Penrose), Gallimard, 1997 ; coll. « Folio Essais », 2003

L'Univers dans une coquille de noix, Odile Jacob, 2001 ; rééd. 2009

Une belle histoire du temps, Flammarion, 2005 ; rééd. coll. « Champs », 2009

Sur les épaules des géants. Les plus grands textes de physique et d'astronomie, Dunod, 2003

Georges et les secrets de l'Univers (avec Lucy Hawking), Pocket Jeunesse, 2007

Petite histoire de l'univers. Du big bang à la fin du monde, City, 2008

Y a-t-il un architecte dans l'univers ? (avec Leonard Mlodinow), Odile Jacob, 2011

Stephen HAWKING

COMMENCEMENT DU TEMPS ET FIN DE LA PHYSIQUE ?

Textes traduits de l'anglais par
Catherine Chevalley

Présentation de Alain Bouquet

Champs sciences

Titres originaux :
Is the End in Sight for Theoretical Physics ?, 1980.
The Edge of Space Time, 1989.

ISBN : 978-2-0812-6071-9

NOTE DE L'ÉDITEUR

Nous avons rassemblé sous le titre *Commencement du Temps et Fin de la Physique?* deux textes de Stephen Hawking d'époques différentes. Le premier, intitulé *La Fin de la physique théorique est-elle en vue? (Is the End in Sight for Theoretical Physics?)* est le texte de la *Leçon inaugurale* que Stephen Hawking prononça en avril 1980, à Cambridge, lorsqu'il prit possession de la *Lucasian Chair* de Mathématiques. Il y succédait à... Newton et à Dirac. L'auteur présente ce texte dans un *Avant-propos* écrit en 1991. Le deuxième texte, intitulé *Le Bord de l'espace-temps (The Edge of Space Time)* a été publié en 1989, dans un recueil, *The New Physics* (Cambridge University Press, trad. française, *La Nouvelle Physique,* Flammarion, 1994). Il est donc quasiment contemporain de *Une brève histoire du Temps.*

Louis Audibert

PRÉSENTATION

Commencement du temps et fin de la physique?

Le point d'interrogation n'est pas ici de trop, car ces deux textes très différents de Stephen Hawking résolvent moins de questions qu'ils n'en soulèvent, sur le temps, l'univers, et la possibilité d'en connaître un jour toutes les lois. Le monde étroit des Anciens a cédé la place à l'univers immense de la cosmologie moderne, mais la question des questions est demeurée immuable : pourquoi sommes-nous là? C'est un physicien qui parle ici, qui demande, selon les termes de Leibniz, « Pourquoi une chose *est* plutôt que de n'être pas, et pourquoi elle est *telle* plutôt qu'autrement? » Mais Leibniz définissait là l'objet même de la métaphysique! Ce glissement des questions, de la métaphysique vers la physique, est peut-être la meilleure illustration des progrès de la physique, et en tout cas de l'audace neuve des physiciens. Comme beaucoup d'autres avant lui, Hawking est fasciné par la question des origines, et son œuvre entière tourne autour des thèmes des origines, des singularités, du temps, et du caractère inévitable des lois qui décrivent l'univers : « Dieu avait-il le choix? », selon une boutade d'Einstein. Les deux textes présentés ici concernent chacun des deux volets de cette question. Le premier traite de la possibilité de parvenir à une théorie du monde au niveau le plus fondamental, recherché dans la micro-physique, le microcosme, et le second de l'application de cette théorie à l'univers entier, au macrocosme. Ce lien entre les extrêmes est une tendance majeure de la physique contemporaine, et pour bien comprendre pourquoi cet apparent paradoxe n'en est pas un, il peut être utile de replacer ces idées dans leur contexte.

Les années 70 ont vu l'émergence d'une théorie (presque) unifiée des particules élémentaires, et simultanément la transformation de la cosmologie en science, devenue capable de faire des prédictions vérifiables, et surtout réfutables. En 1980, la leçon inaugurale de Hawking à l'Université de Cambridge, « La fin de la physique théorique est-elle en vue? », suscita quelques remous. Bien des prophètes déjà avaient annoncé cette fin pour le lendemain, avant d'être démentis par les faits. Mais la physique des particules venait de faire de tels progrès que le couronnement de tous ces efforts paraissait à portée de la main. Nombre de physiciens, et non des moindres, n'hésitaient plus à baptiser leurs publications de titres du genre « Vers une Théorie de Tout ». Cette leçon inaugurale participe de ce courant, et le reflète avec d'autant moins de retenue que Hawking n'est pas un spécialiste de ce domaine, d'où les remous. Cet optimisme, qui ne s'est pas émoussé avec le recul du temps, procède d'une longue tradition, à laquelle se rattachent Newton comme Dirac, ses prédécesseurs à sa chaire de Cambridge. Cet optimiste est également lucide, et il souligne très justement qu'une théorie complète n'impliquerait nullement pour autant que tout soit prévisible et calculable ! Car on peut fort bien connaître une équation sans pour autant savoir la résoudre. Il existe même de nombreuses situations où aucune solution exacte ne peut être obtenue, et où on doit se contenter de solutions approchées. Cela n'arrange rien si, en plus, la connaissance du système considéré est imparfaite comme c'est toujours le cas en pratique, qu'il s'agisse d'un électron ou de l'univers. Nous ne saurions donc utiliser notre Théorie Ultime favorite pour pronostiquer le prochain tiercé, en cela bien inférieurs au premier astrologue venu (quoique...). On pourrait commencer par se demander si une telle théorie *peut* exister. Les mathématiciens savent depuis Gödel qu'il existe nécessairement un théorème indémontrable dans toute mathématique. S'il est impossible de connaître tous les théorèmes, pourquoi serait-il possible de connaître toutes les lois de la physique ?

Mais connaître les lois de la physique ne suffit pas, il faut aussi connaître les conditions initiales. Pourquoi cela ? Parce que les lois les plus fondamentales sont des équations différentielles, c'est-à-dire des lois qui décrivent *l'évolution* d'un système physique à partir d'un état donné. Une équation différentielle a en général une infinité de solutions, correspondant chacune à une situation initiale bien précise. Par exemple, la loi de la gravitation nous dit qu'une balle de tennis suit, en première approximation, une trajectoire parabolique. Mais, selon la vitesse initiale et sa direction, sa trajectoire sera un lob très haut, ou un passing-shot à ras du filet : toujours des paraboles, mais des paraboles très différentes. La loi d'évolution seule ne suffit pas à connaître l'évolution d'un système, il faut en plus connaître son point de départ. Cette condition initiale ressemble un peu au « premier moteur » d'Aristote, à la cause première dont découlent tous les phénomènes. L'analogie est particulièrement fondée dans le cas des conditions initiales de notre univers, dont l'évolution est maintenant devenue un sujet d'étude scientifique. Pourquoi l'Univers est-il tel qu'il est ? Le second texte de Stephen Hawking fournit, non une réponse, mais des éléments de réflexion. Il suggère en particulier que l'Univers pourrait bien être inévitable, en ce sens qu'il n'existerait qu'un seul univers possible (les conditionnels sont ici de rigueur !).

Vers une Théorie Ultime

Pour replacer la leçon inaugurale de Hawking dans son contexte, il convient de retracer la longue histoire de la recherche d'une Théorie

Ultime. C'est un horizon que fixent les physiciens : on a toujours l'impression qu'il est à portée de la main, qu'il ne reste plus qu'un dernier effort à accomplir pour parvenir au but, et il recule sans cesse. L'histoire des sciences ne compte plus les occasions où ce couronnement, et la fin, de la physique a été annoncé pour le lendemain, seuls quelques détails secondaires restant à régler. On dit (mais est-ce vrai ?) qu'à la fin du XIXe siècle, Lord Kelvin, monument de la physique de son temps, annonçait la fin prochaine de la physique théorique : il restait beaucoup de détails à comprendre, mais les bases étaient claires et seuls deux nuages lui apparaissaient sur l'horizon. Le premier était le résultat négatif de l'expérience de Michelson devant détecter le mouvement absolu de la Terre, résultat qui allait aboutir à la remise en cause du mouvement absolu de Newton et à la théorie de la Relativité d'Einstein. Le second était l'impossibilité pour la théorie de Maxwell d'expliquer le rayonnement électromagnétique d'un corps chaud, qui allait aboutir à la quantification de l'énergie, puis à la mécanique quantique. Les deux petits nuages sont devenus une immense tempête qui a soufflé une bonne partie de l'édifice conceptuel construit par trois siècles de physique classique.

Il faut bien comprendre que l'histoire de la physique est l'histoire de la recherche d'une description unifiée de tous les phénomènes rencontrés dans l'univers. Le but n'est pas seulement de les recenser, mais surtout de les relier entre eux, d'établir des correspondances, de les réduire les uns aux autres, et de parvenir aux éléments fondamentaux à partir desquels tous les autres peuvent être reconstruits. Toutes les sciences ont plus ou moins cet objectif, mais rarement à ce degré. Pourquoi cherche-t-on une Théorie Ultime ? Il y a indéniablement un aspect esthétique : il est plus beau et plus élégant d'avoir un principe unique d'explication, qu'une panoplie d'explications limitées sans lien entre elles. Il y a une recherche de simplicité aussi, l'expérience montrant que les théories simples marchent souvent mieux que les théories compliquées, formées de bric et de broc. La recherche de simplicité comme celle d'élégance est à l'origine de découvertes importantes et de percées conceptuelles remarquables, mais conduit parfois aussi à s'égarer dans des impasses. Une théorie unificatrice, reliant par définition des phénomènes entre lesquels on ne voyait pas de lien jusque-là, possède aussi un grand pouvoir prédictif, car ces nouvelles relations établies entre des faits disparates permettent très souvent de découvrir de nouveaux phénomènes insoupçonnés. Par exemple, l'unification de l'électricité et du magnétisme par Maxwell a conduit à la découverte des ondes électromagnétiques. Le risque de mutiler la réalité en la simplifiant n'est pourtant pas négligeable, et les excès du réductionnisme sont là pour en témoigner. De plus, la notion de simplicité peut évoluer au fil du temps : pour un

Grec de l'Antiquité, un mouvement simple pour une planète ne pouvait être qu'une trajectoire circulaire, ou à la rigueur une combinaison de trajectoires circulaires, les épicycles. Depuis Kepler et surtout Newton, ce n'est plus la trajectoire elle-même qui doit être simple, mais la loi qui est à l'origine du mouvement, en ce cas celle de la gravitation : deux corps sont attirés l'un vers l'autre avec une force proportionnelle à leur masse et à l'inverse du carré de leur distance. La trajectoire peut être extrêmement complexe en résultant d'un principe très simple.

Unifier les forces

Nous avons aujourd'hui une image de l'univers selon laquelle la matière est formée de particules, distribuées dans l'espace et reliées par des forces. Il y a donc deux voies d'unification parallèles : unifier les particules de matière et unifier les forces. Newton ouvrit cette seconde voie quand il montra que la même force de gravitation est responsable du mouvement des planètes et de la chute des pommes. Les conséquences en furent immenses, non seulement pour la physique lancée sur les rails de la recherche d'un principe unificateur, mais aussi pour la philosophie. La physique de Newton servit de modèle, de norme, pour toutes les sciences rêvant d'atteindre à son degré de généralité et à son pouvoir prédictif. Le siècle des Lumières, la foi en la Raison et dans le Progrès (avec majuscules), le scientisme triomphant du XIXᵉ siècle n'auraient sans doute pas existé sans cela. Les premiers travaux sur l'électricité ont renforcé cette opinion, l'attraction entre deux charges électriques (la loi de Coulomb) étant très semblable à l'attraction entre deux masses (la loi de Newton). Mais cette convergence allait être interrompue, précisément à cause du succès rencontré dans l'unification des phénomènes électriques et magnétiques. Maxwell montra que l'électricité et le magnétisme sont deux aspects différents de la même interaction, l'électromagnétisme. Cette unification implique mathématiquement que ces interactions se propagent sous la forme d'une onde, une onde électromagnétique, se déplaçant à la vitesse de... la lumière. Est-ce une simple coïncidence ? Non, la lumière *est* une onde électromagnétique, au même titre que les ondes radio, les micro-ondes des fours, les infra-rouges des télécommandes, les ultraviolets des lampes à bronzer ou les rayons X des radiologues. La théorie de Maxwell unifie la lumière avec l'électricité. Unifier, ce n'est pas seulement un jeu de l'esprit, l'impression d'avoir bien compris la Nature, mais cela permet aussi de faire des prédictions et de découvrir tout un pan de la Nature qui nous était resté inconnu. La force électromagnétique cimente les électrons aux noyaux dans les atomes, et les atomes entre eux en molécules, cristaux, blocs de pierre ou corps humains. Son rôle est plus faible à grande échelle, tandis que la gravitation devient la force dominante, assurant la cohésion des planètes, des étoiles et des galaxies.

Il était logique de vouloir unifier gravitation et électrodynamique, mais ce n'est pas possible avec la théorie de la gravitation de Newton. Dans celle-ci l'interaction ne se propage pas, mais elle s'exerce instantanément à travers tout l'espace. La divergence entre les théories de Newton et de Maxwell ne fut résolue qu'en 1915 par Einstein, qui modifia la gravitation selon le modèle de l'électrodynamique pour en faire la théorie de la relativité générale. En 1920, Kaluza montra alors que si on supposait que l'espace avait quatre dimensions au lieu de trois, il se passait quelque chose de remarquable : la gravitation agissant dans les quatre dimensions apparaissait à un observateur myope, sensible à trois dimensions seulement, comme de la gravitation *plus* de l'électrodynamique. L'unification était réalisée : l'électrodynamique n'est pas autre chose que la gravitation agissant dans une quatrième dimension de l'espace! La théorie de Kaluza avait quelques légers défauts, tels que de supposer un espace à quatre dimensions. Klein corrigea ce défaut en supposant que cette quatrième dimension était fortement repliée sur elle-même : en ce cas, nous n'en ressentirions les effets que par les forces de gravitation qui s'y propagent, l'électrodynamique.

Mais rien n'est simple et tout se complique : on découvrit d'autres interactions. Électromagnétiquement, les protons se repoussent et la cohésion des noyaux implique l'existence d'une interaction nucléaire très intense, baptisée avec beaucoup d'imagination l'interaction forte, et décroissant très vite avec la distance de sorte que ses effets ne soient pas sensibles à l'extérieur des noyaux. Par ailleurs, beaucoup de noyaux sont instables et se désintègrent (c'est la radioactivité). Ces désintégrations sont souvent dues à la transformation d'un neutron en proton, qui ne se comprend qu'en introduisant une autre interaction nucléaire, l'interaction faible. Celle-ci est d'ailleurs aussi responsable de la plupart des réactions nucléaires, telles celles qui produisent la lumière du Soleil ! Parallèlement, la mécanique quantique s'installait. Déjà Planck en 1900 n'avait pu expliquer le rayonnement d'un corps chaud qu'en supposant que l'énergie ne pouvait être émise ou absorbée que par paquets, les quanta. Mais ce n'était pas tout : selon la théorie de Maxwell, l'atome n'aurait pas dû exister, car cette théorie démontrait qu'un électron tournant autour d'un noyau devait perdre très vite son énergie et spiraler jusqu'à se fondre avec le noyau. L'existence d'atomes stables conduisit à une refonte majeure de la physique, la mécanique quantique. Les années 20 virent une extraordinaire effervescence, quelques années suffisant à jeter les bases de cet immense travail.

La théorie unificatrice de Kaluza et Klein fut alors mise au placard. D'une part, les interactions nucléaires récemment découvertes semblaient très différentes de la gravitation et de l'électrodynamique. Si les forces nucléaires restaient de toute façon en dehors de l'unification, pourquoi vouloir unifier gravitation et électrodynamique au prix d'une quatrième dimension invisible ? D'autre part, la mécanique quantique ne faisait pas bon ménage avec la gravitation (la situation n'a d'ailleurs pas changé à cet égard). Les progrès remarquables de l'électrodynamique quantique, la mieux vérifiée de toutes les théories de la physique, n'ont été possibles qu'en oubliant complètement la gravitation. Ce n'était pas tolérable, et la question a été reprise dans les années 60. Les progrès sont très lents, et une théorie quantique de la gravitation est l'objectif toujours actuel de nombreux chercheurs, dont Hawking, mais il paraît encore éloigné. A plusieurs reprises on a cru sinon y arriver du moins avoir les éléments qui permettraient d'y arriver. La « supergravité », la Théorie Ultime de la fin des années 70, a été un de ces éléments. C'était une version très améliorée de la théorie de Kaluza et Klein, qui faisait ainsi un retour remarqué, mais en incorporant tous les acquis de cinquante ans de théorie quantique. Hélas ! ce n'était pas le bout du chemin, le vent a de nouveau tourné, et cette théorie n'est plus en cour pour le moment. L'histoire des sciences a souvent d'étranges zigzags...

Unifier la matière

Parallèlement, les physiciens tentent de parvenir à une théorie unifiée de la matière. La théorie atomique affirme que la même centaine d'atomes suffit à composer tous les objets, que ces atomes sont formés d'un noyau entouré d'un cortège d'électrons, et que ces noyaux sont eux-mêmes composés de briques élémentaires, les protons et les neutrons. Années 20, toujours. La théorie quantique faisait des progrès fulgurants, et Dirac avait découvert une équation décrivant le comportement quantique de l'électron. Cette équation avait une seconde solution, décrivant le comportement d'une particule de charge opposée. Comme seuls l'électron et le proton (de charges égales et opposées) étaient connus à cette époque, on a pensé que la seconde solution décrivait le proton. On avait alors une théorie générale unifiée des particules. Las, il fut très vite réalisé que les deux solutions décrivaient des particules identiques, à la charge près : il ne s'agissait pas du proton, mais de l'anti-électron, le positron. Dirac avait découvert l'anti-matière.

On connaissait alors 2 particules, l'électron et le proton et leurs antiparticules, reliées par quatre interactions fondamentales. Puis la liste des particules s'est enrichie à toute vitesse de centaines de particules « élémentaires », découvertes dans les rayons cosmiques, auprès des accélérateurs de particules ou près des réacteurs nucléaires : muons, neutrinos, mésons, baryons, particules « étranges », extrêmement instables pour la plupart et ne laissant que des traces fugitives de leur brève existence... Bizarrement, quatre seulement des particules connues dans les années 60 n'utilisaient jamais l'interaction nucléaire forte : l'électron, le muon et les deux neutrinos associés. On les appelle des leptons. Toutes les autres l'utilisaient, et on les appelle des hadrons : était-ce l'indice d'une nature différente ? La classification de Mendéléiev des atomes avait conduit à l'idée que les noyaux des atomes étaient composés d'objets plus fondamentaux, les protons et les neutrons, dont seul le nombre différait d'un atome à un autre. Une classification analogue des particules s'esquissait : l'histoire se répétait-elle, les particules « élémentaires » étaient-elles à leur tour composées ? Beaucoup refusèrent cette idée trouvant que ces emboîtements en cascade manquaient d'imagination : molécules, atomes, noyaux, particules, sous-particules, jusqu'où irait-on ? Ils préférèrent imaginer des théories où ces particules étaient toutes aussi fondamentales les unes que les autres, s'engendrant mutuellement au fil des interactions. Cette « démocratie nucléaire » ne résista pas au choc des expériences : il existait des constituants, les quarks. Trois quarks suffisaient à construire tous les hadrons connus, quand en 1974 un quatrième quark se révéla nécessaire pour expliquer un hadron nouvellement découvert. Quatre quarks et quatre leptons, belle symétrie! Cette symétrie est d'ailleurs nécessaire pour assurer la cohérence mathématique de la nouvelle théorie des particules, au point qu'un groupe de théoriciens avait postulé un quatrième quark pour cela, bien avant sa découverte. Peu après un nouveau lepton, le tau, fut découvert avec son neutrino associé, et un cinquième quark par la suite. La cohérence nécessite maintenant un sixième quark, pas encore observé.

Où en sommes-nous?

Survolons la théorie actuelle. Selon le « modèle standard » de la physique des particules, les particules qui constituent la matière se répartissent en 3 familles identiques, chacune composée d'une paire de leptons (comme l'électron et son neutrino) et d'une paire de quarks (comme les quarks u et d qui forment le proton et le neutron), et de leurs antiparticules. Si les 6 leptons (électron, muon et tau, et leurs 3 neutrinos associés) ont été observés, seuls 5 quarks l'ont été (les quarks u, d, s, c et b), mais l'existence du 6e (le quark t ou top) est requis pour la cohérence de la théorie. Ces particules sont reliées par 4 types d'interactions. Toutes sont soumises à l'interaction gravitationnelle, généralement négligeable en physique des particules. L'interaction électromagnétique ne relie que les particules chargées : les leptons ont une charge nulle (neutrinos) ou

– 1 (électron, muon et tau), les quarks ont une charge 2/3 (u, c et t) ou -1/3 (d, s, b). L'interaction forte ne concerne que les quarks, et les particules qui en sont composées, les hadrons. Le proton est formé de 2 quarks u et 1 quark d (d'où une charge électrique + 1) et le neutron de 2 quarks d et 1 quark u (d'où une charge nulle). Chacun des 6 quarks existe en 3 variétés, qu'on appelle les « couleurs » : il y a 3 quarks u (« rouge », « bleu » et « vert » si l'on veut), 3 quarks d, etc. Enfin l'interaction faible relie les particules de chaque paire (l'électron à son neutrino, le quark u au quark d, etc.).

Toutes les interactions, électromagnétique, faible et forte, se décrivent aujourd'hui dans le même cadre mathématique, celui des « théories de jauge ». C'est là le grand progrès des années 60 et 70, qui justifie le regain d'intérêt pour une Théorie Ultime. Dans une théorie de jauge, les interactions sont la conséquence automatique de l'existence d'une symétrie associant certaines particules, par exemple les 3 « couleurs » d'un quark u, ou la paire électron-neutrino. Cette symétrie signifie que les particules ainsi reliées sont semblables au point de pouvoir se transformer l'une en l'autre. Quand une telle transformation a lieu, un signal est émis sous la forme d'une autre particule, qu'on appelle un « boson de jauge » et qui emporte en général de l'énergie. Par exemple quand un électron se transforme en neutrino, il émet un boson W^- comme signal. Quand ce W^- est reçu par une autre particule, il la transforme à son tour : un quark u devient ainsi un quark d. Vu de l'extérieur, on voit un électron interagir par interaction nucléaire faible avec un quark u, donnant un neutrino et un quark d.

Toutes les interactions sont véhiculées par des « bosons de jauge », le photon pour l'électrodynamique, les bosons W^+, W^- et Z^0 pour l'interaction faible, et 8 « gluons » pour l'interaction forte. L'étude de l'interaction forte (la Chromodynamique Quantique, ou QCD) est compliquée par le fait que l'intensité de l'interaction augmente considérablement à grande distance, ce qui a pour effet d'interdire à une particule « colorée » (quark ou gluon) de s'éloigner des autres : on n'a jamais observé de quark ou de gluon libre. Mais des combinaisons « incolores » sont permises, telles que les baryons (3 quarks, un de chaque « couleur ») ou les mésons (un quark et un antiquark, de « couleurs » opposées). L'interaction faible a longtemps posé de graves problèmes car la symétrie de jauge correspondante est brisée : les particules qu'elle relie (électron et neutrino, quark u et quark d...) ont des masses et des charges électriques différentes, et les bosons de jauge W^+, W^- et Z^0 ont une masse, à la différence du photon ou des gluons. Pour briser une symétrie de jauge sans rendre la théorie mathématiquement incohérente, on utilise encore une nouvelle particule, appelée le boson de Higgs, en lui attribuant une nouvelle interaction *(ad hoc)*. Plus exactement, la symétrie brisée est une symétrie plus grande, la symétrie électrofaible réunissant les symétries de jauge de l'électrodynamique et de l'interaction faible, et la brisure de cette symétrie électrofaible laisse subsister une symétrie résiduelle, celle de l'électrodynamique. La conséquence de cette unification électrofaible est que le Z^0 contient un « petit bout d'électrodynamique » et le photon un « petit bout d'interaction faible ».

Ce « modèle standard » est spectaculairement vérifié par les expériences. Après l'observation expérimentale des bosons W^+, W^- et Z^0 au début des années 80, la précision atteinte permet aujourd'hui d'obtenir des informations sur les pièces manquantes, comme le quark top que l'on espère de ce fait observer dans un très proche avenir. La précision des mesures à l'accélérateur LEP près de Genève assure qu'il n'y a pas plus de 3 neutrinos légers (en accord d'ailleurs avec les prédictions de la cosmologie), et donc pas de quatrième famille. Le grand absent est bien sûr le boson de Higgs, pour la découverte duquel on projette aujourd'hui de construire des accélérateurs immenses (LHC à Genève, SSC au Texas), et immensément coûteux!

Comment aller plus loin?

Cet accord remarquable de la théorie avec les expériences est en réalité une calamité : quand aucune faille n'apparaît, on ne sait pas dans quelle direction modifier une théorie pour l'améliorer. Les théoriciens essaient alors un peu toutes les possibilités, les modèles les plus divers fleurissent, mais ils font tous évidemment les mêmes prédictions là où elles sont vérifiables. Les seuls indices sont d'ordre esthétique : il y a beaucoup de paramètres *a priori* indépendants les uns des autres, 3 familles identiques, 3 interactions similaires. Un peu d'unification devrait améliorer les choses. Il se révèle assez simple de rassembler les interactions faible, électromagnétique et forte en répétant le schéma de l'unification électrofaible. Mais il n'y a pas que les interactions que l'on souhaite unifier, les particules aussi. Or, en prime, cette « grande unification » associe aussi étroitement les quarks avec les leptons que l'interaction faible associe électron et neutrino. Mais ce bonus coûte cher : cette association implique *ipso facto* qu'il existe une interaction transformant un quark en lepton et inversement, et par conséquent que les 3 quarks formant un proton peuvent se transformer en leptons (et en photons). Cela veut dire que le proton peut se désintégrer. Pour que ce soit expérimentalement tolérable, il faut que cette désintégration soit très rare, ce qui implique une interaction extrêmement faible, qui ne s'explique que si l'énergie d'unification est incroyablement élevée, totalement inaccessible avec un accélérateur, eût-il la taille du Système Solaire. Seuls des effets indirects, comme la désintégration d'un proton, peuvent être détectés, et plusieurs expériences très délicates ont été menées. Les résultats en sont négatifs, mais cela ne fait que relever l'énergie d'unification. Ne pas avoir de contrôle expérimental sur une théorie est psychologiquement désastreux car on peut délirer sans retenue (mais avec élégance). Néanmoins, les outils, concepts et techniques utilisés dans ce délire ont d'importantes retombées, en mathématique pure et en physique statistique. Il y a une autre retombée : les expériences de désintégration du proton se sont reconverties en observatoires astrophysiques pour l'étude des neutrinos cosmiques. En 1987, elles ont ainsi détecté le flux de neutrinos émis quand une supernova a explosé dans une galaxie voisine, le Grand Nuage de Magellan. Cette observation a confirmé les modèles de supernovae, et aussi que les neutrinos en question avaient une très faible masse, peut-être nulle.

Une nouvelle branche de la physique, l'astrophysique des particules, est ainsi en train de naître. La quête de l'infiniment grand rejoint désormais celle de l'infiniment petit. Les accélérateurs de particules approchent de leurs limites techniques, et financières, et les théories deviennent difficiles à confronter aux expériences. Aussi les physiciens des particules se tournent-ils vers le grand laboratoire de l'univers, qui leur apporte des situations inaccessibles sur Terre : densités extrêmement hautes ou extrêmement basses, températures au-delà de toute fournaise, et durées d'expérience se chiffrant en milliards d'années! Les astrophysiciens découvrent pour leur part dans les nouvelles théories des particules de possibles réponses à certaines questions majeures de la cosmologie et de l'astrophysique (expansion de l'univers, géométrie presque euclidienne, matière sans antimatière, matière noire, énigme des neutrinos solaires, supernovae...).

La supersymétrie joue un rôle central dans les tentatives, encore inachevées, de grande unification. Qu'est-ce que la supersymétrie ? Les particules de matière, quarks et leptons obéissent à la statistique quantique de Fermi et Dirac, ce qui signifie entre autres que deux « fermions » ne peuvent jamais se trouver dans le même état. Les électrons d'un atome, par exemple, ne peuvent pas être tous dans l'état de plus basse énergie, certains doivent occuper des états d'énergie élevée. Ce principe d'exclusion, dû à Pauli, a pour conséquence majeure d'assurer la stabilité de la matière. Par contre, les particules qui sont échangées dans les interactions, photons, W, Z, gluons, obéissent à la statistique quantique de Bose et Einstein, comme les « bosons » de Higgs, et ils ont, eux, tendance au contraire à se trouver tous dans le même état, et à agir de façon cohérente, donnant facilement des ondes macroscopiques, telles les ondes électromagnétiques. Unifier ces deux comportements opposés semble une gageure, mais c'est précisément ce que fait la théorie de la supersymétrie. Initialement, il s'agissait d'apparier les particules connues, sur le modèle de l'interaction faible appariant l'électron avec son neutrino. On espérait en particulier que le boson de Higgs, pièce *ad hoc* du « modèle standard », apparaîtrait ainsi comme le partenaire inévitable des particules de matière connues. Mais leurs propriétés étaient trop différentes, et cela n'a pas marché. La version actuelle suppose alors que toutes les particules actuellement connues (électron, quark, photon...) sont « doublées » par des partenaires obéissant à la statistique opposée, qui n'auraient pas été observées simplement parce que les accélérateurs actuels ne sont pas assez puissants pour les fabriquer. Malgré la disparition des motivations initiales, la supersymétrie n'a pas été rejetée car elle présente d'autres avantages, à défaut d'unifier : d'une part, elle stabilise les interactions, et d'autre part elle offre une ouverture vers la gravitation, car les statistiques quantiques concernent le comportement spatial des particules, et selon la relativité générale, ce comportement est lié à la gravitation. Ce lien si longtemps cherché entre théorie quantique et gravitation a représenté un espoir immense dans les années 70, et sous la forme de la « supergravité » il a été un concurrent sérieux au titre de Théorie Ultime. Puis des failles sont apparues : la gravitation continuait à rendre incohérente la théorie quantique, juste un peu moins qu'en l'absence de supersymétrie.

Où en sommes-nous aujourd'hui ? La Théorie Ultime actuelle s'appelle « supercordes ». Elle repose sur l'idée que les constituants élémentaires de la matière ne seraient pas des particules, objets ponctuels, mais des cordes, objets étendus. Les différents types de particules observés correspondent aux différents modes de vibration d'une même corde, qui devient « supercorde » quand la supersymétrie est ajoutée. La gravitation peut se décrire comme un échange de gravitons entre particules massives, tout comme l'électrodynamique se décrit comme un échange de photons entre particules chargées. Or un des modes de vibration d'une corde correspond à une particule que l'on peut identifier au graviton. La théorie des cordes incorpore donc automatiquement la gravitation, d'une manière, semble-t-il, enfin cohérente dans une théorie quantique. Le résultat est une théorie unifiée, mais très complexe, dont l'échelle normale d'énergie se situe au-delà de l'échelle de grande unification. Il se révèle difficile de déduire son comportement à des énergies expérimentalement accessibles. La théorie des cordes offre néanmoins un domaine de recherche mathématique extrêmement riche, avec des retombées imprévues dans d'autres branches de la physique.

Mais la théorie des cordes n'est sûrement pas la fin de l'histoire. La gravitation ainsi quantifiée correspond au cas d'une interaction peu intense, où seuls quelques gravitons sont échangés. On ne sait pas y traiter le cas d'une interaction intense, comme celle qui règne au voisinage d'un trou noir ou du Big-Bang, précisément là où la théorie non quantique présente des singularités. On est donc encore loin d'avoir une théorie complète de la gravitation quantique. Faute de mieux, on examine des situations où la gravitation est intense, mais traitée classiquement, et les autres interactions quantiquement. Ces méthodes semi-classiques ont par exemple permis à Hawking de démontrer qu'un trou noir rayonnait de l'énergie, et s'évaporait ainsi peu à peu. On essaie ainsi de rassembler les pièces du puzzle, pour deviner à quoi pourrait ressembler l'ultime Théorie Ultime. L'espoir demeure que cette théorie se révèle unique, qu'il n'existe qu'une seule possibilité cohérente. Hawking conclut d'ailleurs son livre « Une brève histoire du temps » en disant : « Si nous trouvons la réponse à cette question [savoir pourquoi l'univers et nous existons], ce sera le triomphe ultime de la raison humaine. »

Au commencement était le temps...

Mais disposer d'une telle théorie, à supposer que ce soit possible, ne suffit pas. Nous savons que si les équations de la physique décrivent comment un système (un électron ou un univers) évolue à partir d'un état donné, elles laissent ouverte la question de savoir comment est déterminé cet état initial. Mais attention : la séparation entre loi et condition initiale n'est en général pas très nette. Si on ne connaît pas bien les lois qui régissent un système, on peut placer dans les conditions initiales ce qui résulte en fait d'une loi sous-jacente inconnue. Prenons un exemple : il semble y avoir dans l'univers beaucoup plus de matière que d'antimatière, alors que les lois bien établies de la physique assurent une parfaite symétrie entre matière et antimatière. Aussi a-t-on pensé que l'univers avait commencé son existence avec un excédent de matière. Cette condition initiale en vaut bien une autre, mais certaines théories de physique des particules impliquent une asymétrie entre matière et antimatière. Bien que ces théories ne soient pas sûres, il paraît plus satisfaisant que l'asymétrie observée soit une conséquence automatique de lois physiques plutôt que le résultat fortuit de conditions initiales. Le progrès scientifique ne consiste pas seulement à établir des lois de plus en plus générales, mais aussi à ramener les conditions initiales à des lois sous-jacentes. Une théorie physique fait toujours intervenir des paramètres dont les valeurs ne sont pas données par la théorie elle-même, mais fixées par l'expérience. Ces paramètres sont aussi d'une certaine façon des conditions initiales qui complètent les lois (même si on y pense rarement sous cet angle). Le progrès scientifique consiste aussi à les dériver à partir des paramètres d'une théorie plus vaste : la thermodynamique classique utilise beaucoup de coefficients empiriques (chaleurs spécifiques, etc.) qui sont calculés en mécanique statistique à partir des propriétés atomiques, connues par ailleurs. L'idéal serait bien sûr qu'il ne puisse exister qu'une seule loi possible avec un seul jeu de conditions initiales possibles, pour des raisons mathématiques par exemple, et que « le monde tel qu'il est » soit inévitable. L'idée n'est pas récente : Kepler, croyant au début qu'il n'y avait que six planètes, se déplaçant sur des sphères, a longtemps spéculé sur la possibilité que les rayons de ces sphères soient les rayons des six sphères inscrites et circonscrites aux polyèdres réguliers (il n'existe que 5 polyèdres réguliers). Plus récemment, on a cru au début des années 80 qu'il ne pouvait exister qu'une seule théorie de « supercordes » cohérente du point de vue mathématique. Cette unicité supposée faisait la plus grande part de son charme, jusqu'au jour où l'on a réalisé qu'il en existait d'autres... Il faut quand même remarquer que l'état initial du système physique n'a pas beaucoup d'importance dans les nombreuses situations où des états initiaux différents aboutissent à des situations très voisines, sinon indiscernables. Si on pose une bille dans une cuvette, la position initiale n'a guère d'importance car la bille finira tôt ou tard par s'immobiliser au fond de la cuvette. C'est l'équivalent en physique de l'adage selon lequel « tous les chemins mènent à Rome ». C'est une voie possible pour se débarrasser de la question des conditions initiales : montrer que l'évolution est quasi identique dans l'immense majorité des cas.

Principe anthropique

Il existe bien sûr des situations inverses, ou l'état observé est hautement improbable, ne pouvant être atteint qu'à partir de conditions initiales extrêmement particulières. En ce cas, il reste le choix entre modifier la théorie pour y rendre très probable la situation observée, ou se rallier au principe anthropique et assurer que les situations plus probables que la nôtre n'auraient pas permis notre présence. On rencontre souvent d'étonnantes coïncidences numériques en physique. Certaines relèvent de délires numérologiques : on peut obtenir n'importe quel nombre à partir d'autres nombres astucieusement combinés, comme le démontrent les virtuoses du jeu « Des chiffres et des lettres ». D'autres coïncidences apparentes reflètent simplement une cause commune, et ne présentent guère d'intérêt. Plus intrigant est le fait que certains phénomènes reposent de façon cruciale sur des coïncidences apparemment fortuites. Par exemple, certaines étoiles brillent grâce à des réactions thermonucléaires qui ne sont possibles que parce qu'il existe des noyaux, étapes intermédiaires de ces réactions, avec une énergie bien précise. Or la réaction est due à une interaction nucléaire particulière (dite interaction faible), tandis que l'énergie des noyaux est avant tout due à une autre interaction nucléaire (dite interaction forte), totalement indépendante de l'interaction faible. On a recensé de nombreux exemples de ce genre, où le changement minime d'un paramètre, d'une constante de la physique, bouleverserait complètement la structure et l'évolution de l'univers. Cela a conduit de brillants physiciens à poser un « principe anthropique », selon lequel notre existence même limite les possibilités de lois physiques : elles doivent être compatibles avec notre présence. Sous sa version « faible », ce principe apporte beaucoup : certains processus sont invisibles, ou certaines quantités sont inaccessibles, mais on peut déduire leur existence ou leur valeur de notre présence. Sous une forme « forte », il affirme carrément que l'univers est construit pour nous.

Le principe anthropique est mal accepté, même sous sa version faible, car il apparaît comme une renonciation, un abandon de l'objectif de comprendre pourquoi le monde est comme il est. De plus, modifier un seul paramètre d'une théorie sans toucher aux autres n'est justifié que si les paramètres en question sont vraiment indépendants. Mais si, comme c'est l'espoir d'une Théorie Ultime, il n'existe qu'une seule Loi, alors ces paramètres sont liés les uns aux autres, et il est incohérent de changer l'un d'eux sans modifier de manière adéquate les autres. « Quelle remarquable coïncidence que la Seine passe exactement sous les 365 ponts qui l'enjambent! » Le cas des charges électriques de l'électron et du proton illustre bien cette situation. Au signe près, l'électron a la même charge que le proton, avec une extrême précision. Cela a de très importantes conséquences. Si la charge de l'électron était un peu plus grande ou un peu plus faible, les atomes ne seraient jamais neutres et se repousseraient toujours : il n'existerait pas de molécules, de cristal... Pire encore, cette répulsion serait supérieure à l'attraction gravitationnelle, et aucune planète, étoile ou galaxie ne serait stable. L'univers serait bien différent. Cette coïncidence numérique extraordinaire en est-elle vraiment une ? Non, dans certaines théories de physique des particules, les théories dites de « grande unification », électrons et protons (ou plus exactement les quarks qui forment le proton) sont deux faces différentes du même objet, et les charges sont nécessairement égales. Une apparente coïncidence numérique révèle parfois une unicité sous-jacente. Les théories actuelles sont certainement loin d'être définitives : elles font intervenir des dizaines de paramètres *a priori* arbitraires et indépendants les uns des autres. Les considérations de type « principe anthropique » montrent que certains de ces paramètres ne peuvent varier que dans une plage étroite, sauf à changer considérablement l'aspect de l'univers. Mais si elles varient de façon corrélée, les conclusions sont beaucoup moins strictes. Enfin, nos capacités d'imagination et de calcul sont bien trop limitées pour affirmer qu'un monde très différent du nôtre ne serait pas viable. Beethoven est peut-être inscrit dans les équations de la physique des particules, mais aucun physicien ne saurait le démontrer, même si beaucoup le pensent. Des équations différentes, ou les mêmes équations avec des paramètres différents, conduiraient peut-être à un monde aussi riche que le nôtre.

La condition initiale est qu'il n'y a pas de condition initiale

Le second texte de Stephen Hawking présenté ici trace une amorce de réponse : il suggère que le problème des conditions initiales peut être éludé si l'univers n'a de bord ni dans l'espace ni dans le temps. Pourquoi cela? A très grande échelle, l'univers est dominé par la gravitation, et cela lui interdit d'être statique : il évolue, il a une histoire. L'univers de Newton était instable, mais personne n'avait osé le remarquer. Celui d'Einstein aussi, mais Friedmann (ayant plus de foi dans les équations d'Einstein qu'Einstein lui-même) osa prédire dès 1922 l'expansion de l'univers, dans l'indifférence générale. Il fallut attendre les observations de Hubble en 1929 sur la « fuite des galaxies », l'explication par Gamow en 1948 de l'abondance relative des éléments chimiques dans l'univers par un passé chaud et dense, la découverte par Penzias et Wilson en 1965 d'un rayonnement électromagnétique uniforme, pour que la théorie cosmologique du Big Bang soit acceptée. Si l'univers a une histoire, celle-ci peut être retracée grâce aux lois de la physique. En particulier, les premiers instants où la matière était extraordinairement dense et chaude correspondent aux énergies décrites par les théories des particules élémentaires, d'où la convergence actuelle d'intérêts entre physique des particules et cosmologie. Mais cette évolution de l'univers n'est calculable que si on en connaît les conditions initiales. L'ennui est que le Big Bang est une « singularité » de l'espace et du temps, c'est-à-dire un état de température et de densité infinies. C'est très ennuyeux, car on ne peut rien prédire à partir d'infinis. On a pensé pendant un moment que cette singularité était un artefact dû à un modèle d'univers trop simplifié, mais Hawking a démontré avec Penrose qu'elle était inévitable dans un univers rempli de matière ou de rayonnement. Il y a peut-être une issue dans le fait qu'à très petite échelle la mécanique quantique joue un rôle crucial, et qu'on n'a plus le droit de la négliger même pour décrire tout l'univers. La présence d'une singularité indique peut-être simplement que la théorie non quantique n'est plus valable au-delà d'une certaine limite, exactement comme la théorie classique de Maxwell prédisait des infinis dans le rayonnement d'un corps chaud, ou l'instabilité des atomes. Mais il n'existe pour l'instant aucune théorie quantique de la gravitation qui soit cohérente, et qui permette de décrire de manière satisfaisante ce qui se passe à l'instant du Big Bang.

On peut être alors moins ambitieux, et prendre pour conditions « initiales » celles qui régnaient juste *après* le Big Bang, évitant ainsi la difficulté mathématique d'une singularité. Mais on souhaite plus : comprendre pourquoi les conditions « initiales » étaient précisément celles-là. Quatre possibilités s'offrent à nous :

• Considérer que la détermination des conditions initiales de l'univers ne relève pas de la physique, mais de la métaphysique. Comme le remarque Hawking, c'est la même attitude que celle qui interdisait il y a quatre siècles de chercher dans l'univers des lois qui eussent restreint la liberté de Dieu.

• S'appuyer sur le principe anthropique pour sélectionner, parmi tous les univers *a priori* possibles, le seul qui conduise à notre existence. Cela pourrait marcher, si un seul univers répond à ce critère. Mais Hawking note qu'un univers où, par exemple, n'existerait qu'une seule galaxie suffirait sans doute à notre existence. Mais surtout nous aurions là plus un constat qu'une explication réelle.

• Montrer que les conditions initiales ne sont pas importantes, car on aboutit presque toujours au même univers, le nôtre. Les nombreux modèles d'inflation ont cette ambition. Certaines théories de physique des particules permettent en effet une expansion initialement très rapide de l'univers, l'inflation, au terme de laquelle les conditions physiques régnant dans l'univers sont pratiquement indépendantes de la situation de départ.

Certaines variantes évitent même le théorème de Hawking et Penrose sur la présence d'une singularité, car l'univers y est à cette époque quasiment vide de matière et de rayonnement.

• Affirmer qu'il n'y a pas besoin de conditions initiales. C'est ce que fait Hawking quand il dit que la condition initiale, ou « au bord », est qu'il n'y a pas de bord.

L'origine du temps

Pour cela, il faut fusionner mécanique quantique et relativité générale, fusion très difficile à réaliser, nous l'avons déjà dit. De plus, à supposer que l'on sache opérer cette fusion, il reste à surmonter un obstacle conceptuel avant de l'appliquer à l'univers. La mécanique quantique a un statut un peu bizarre depuis plus de soixante ans. On peut la considérer comme une suite de règles précises, qui donnent la bonne réponse quand on les applique mécaniquement. Si tout le monde, ou presque, est d'accord sur ces règles, leur *interprétation* divise les physiciens (en fait, la majorité d'entre eux se contente de les utiliser sans se poser tellement de questions sur leur sens). Selon l'interprétation la plus courante, due à Bohr, quand un observateur observe un système qui lui est extérieur, cet acte d'observation modifie le système d'une manière radicale, que la mécanique quantique est incapable de décrire. Elle ne peut fournir que les probabilités d'obtenir tel ou tel résultat. Cette distinction observateur-observé est impossible à faire quand le système observé est l'univers, qui contient bien évidemment l'observateur lui-même ! Une cosmologie quantique n'est possible qu'en abandonnant cette interprétation : si on suppose que la mécanique quantique ne cesse pas de s'appliquer à l'instant d'une observation, et décrit l'observateur aussi bien que le système observé, on doit alors admettre que tous les résultats possibles d'une observation coexistent. Plus précisément, Everett donne l'image d'un univers scindé en univers parallèles, où chaque possibilité est réalisée dans une ou plusieurs de ses copies. Cette image (qui figurait déjà dans une nouvelle de Borges, « Le jardin aux sentiers qui bifurquent ») donne un peu le tournis, mais au moins elle est plus cohérente que l'interprétation habituelle, et elle permet d'appliquer la mécanique quantique à l'univers entier.

Pour le moment seuls des mini-modèles extrêmement simplifiés de relativité générale quantique ont pu être construits, et ils suscitent d'ailleurs d'âpres controverses entre experts. Il est encore trop tôt pour dire de façon sûre ce qui se passe, mais il semble que la mécanique quantique efface la singularité, la dilue pourrait-on dire. Le moment du Big Bang serait alors un point « normal », pas plus singulier que le pôle nord sur la Terre, dont la longitude n'est pas définie mais qui n'a rien de bizarre quand on s'y trouve. Le temps et l'espace auraient alors un sens en toutes circonstances, sans singularité nulle part. Dans certains de ces mini-modèles, cette absence de « bord », c'est-à-dire de point singulier, suffit à assurer l'existence d'une solution unique des équations. Le problème du choix de conditions initiales ne se pose donc plus, car il n'y a pas à sélectionner entre les diverses solutions d'une équation d'évolution : il n'y a qu'une seule solution. En ce sens, la condition initiale est bien « Il n'y a pas de condition initiale » au sens de « Il n'y a pas de singularité ». Mais on n'a rien sans rien, et la théorie (étant quantique) ne fournit pas un univers, mais les probabilités respectives de différents univers parallèles. Il semble que ces mini-modèles accordent une probabilité dominante aux univers ayant traversé une période d'inflation, probablement parce que tous ces univers aboutissant au même état, ce dernier est de loin le plus probable. Attention quand même : seuls certains mini-modèles aboutissent à ces conclusions, et tous sont tellement simplifiés qu'ils n'ont peut-être plus grand-chose à voir avec la réalité.

On n'a peut-être pas apprécié à sa juste valeur que l'axiome « Il n'y a pas de condition initiale » repose sur l'affirmation plus forte encore « Il n'y a pas d'instant initial ». Un instant de réflexion (un *long* instant) permet de comprendre pourquoi. En filigrane tout au long de l'œuvre de Stephen Hawking, on retrouve une obsession, l'origine du temps. En relativité générale, le temps perd toute signification à l'approche de singularités comme le Big Bang. Le temps est une notion subtile. Nous avons conscience du temps qui passe, souvent comparé depuis Héraclite à un fleuve qui s'écoule, et nous évaluons son passage d'après les changements du monde qui nous entoure. Newton a réduit le temps à un simple cadre de référence, un calendrier dans lequel on note ces changements. Einstein a élargi ce rôle et, selon la relativité générale, le temps n'est pas une simple arène où se déroulent des événements. Le temps et l'espace sont modifiés par la présence de matière (ou plus généralement d'énergie) et réciproquement influent sur cette matière : temps, espace et énergie n'existent pas indépendamment les uns des autres. Par conséquent, au moment du Big Bang, le temps est *créé* en même temps que l'espace et l'énergie, et, inversement, c'est pour cela qu'il perd son sens près d'une singularité. Dans un univers dépourvu de singularité grâce à une « régularisation » quantique aussi bienfaisante qu'hypothétique, ce problème-là ne se pose plus. Tous les points de l'espace et du temps sont aussi réguliers les uns que les autres, il n'y a plus d'instant privilégié, distingué des autres. C'est précisément cette régularité qui permet une solution unique des équations de l'univers (en tout cas du mini-univers des mini-modèles). Corollaire : la solution unique en question décrit la *totalité* de l'univers, passé, présent et futur, ici et ailleurs. C'est l'univers d'Einstein, semblable à un grand livre dont toutes les pages sont écrites, même si nous ne les avons pas encore toutes lues, et où le temps n'est guère qu'une illusion.

Arrivé à ce point, le lecteur éventuel (ou la lectrice) peut juger préférable de s'adresser à Stephen Hawking pour éclaircir la confusion de cette présentation.

Alain BOUQUET
Laboratoire de Physique Théorique
et Hautes Énergies
Universités Paris 6 et Paris 7
Juin 1992

LA FIN DE LA PHYSIQUE THÉORIQUE EST-ELLE EN VUE ?

Conférence inaugurale donnée à l'Université de Cambridge le 29 avril 1980

AVANT-PROPOS

J'ai donné cette conférence, qui est ma conférence inaugurale pour la *Lucasian Chair* de Mathématiques de Cambridge, en avril 1980. Dans le passé, cette chaire a eu pour titulaires Sir Isaac Newton, qui a été le premier à formuler les lois de la physique en termes mathématiques, et Paul Dirac, l'un des fondateurs de la mécanique quantique. Mon but était de donner une idée générale de l'importance des progrès que nous avons faits dans la compréhension des lois qui gouvernent l'Univers, et d'évoquer la possibilité pour nous de découvrir une théorie du tout complète et unifiée dans un futur assez proche.

A l'époque où j'ai donné cette conférence, l'espoir le plus sûr de parvenir à une théorie unifiée de ce genre résidait dans quelque chose qu'on appelait la supergravité N=8. C'était une extension de la théorie de la relativité générale d'Einstein dans laquelle on trouvait, outre le graviton qui est la particule qui porte l'interaction gravitationnelle, un certain nombre d'autres particules. Toutes ces particules étaient liées par ce qu'on appelle une supersymétrie et pouvaient être considérées comme n'étant que différents aspects d'une superparticule unique. Cette théorie avait toutes sortes de propriétés intéressantes et elle paraissait réussir à éviter un grand nombre des quantités infinies qui semblent intervenir dans les théories unifiées. Mais il n'était pas certain qu'elle pourrait éviter *tous* les infinis possibles. Au cours des dix dernières années environ, l'attention s'est donc tournée vers une nouvelle classe de théories appelées théories de supercordes. Ces théories ont elles aussi une symétrie spéciale appelée supersymétrie, mais maintenant les objets fondamentaux ne sont plus des particules ponctuelles comme le graviton et l'électron, ce sont des objets étendus comme des cordes fermées en boucle. Du fait que les objets fondamentaux sont étendus, les théories de cordes semblent pouvoir éviter les infinis qui émergent avec les particules ponctuelles.

On ne sait pas encore si la théorie des supercordes peut fournir une théorie cohérente de l'Univers, et on ne sait pas comment l'utiliser pour calculer des grandeurs susceptibles d'être mesurées par nous. Mais le point central de ma conférence était l'idée qu'il se pourrait que nous disposions dans un futur prévisible d'une théorie complète de la nature. Le fait que cette théorie soit la supergravité ou les supercordes ou quelque chose d'autre à quoi nous n'avons pas encore pensé est de moindre importance que l'existence d'une théorie complète unifiée et la possibilité que nous soyons en passe de la découvrir. En 1980, j'estimais qu'il y avait cinquante pour cent de chances pour que nous découvrions une telle théorie d'ici la fin du siècle. Je pense toujours qu'il y a cinquante pour cent de chances pour que nous trouvions une théorie dans les vingt ans qui viennent, mais ces vingt ans commencent onze ans plus tard.

LA PHYSIQUE THÉORIQUE TOUCHE-T-ELLE À SA FIN ?

Dans cette conférence, je voudrais examiner la possibilité que la physique théorique atteigne son but dans un futur relativement proche, disons, d'ici à la fin du siècle. Je veux dire par là que nous pourrions nous trouver en possession d'une théorie unifiée, cohérente et complète des interactions physiques, qui décrirait la totalité des observations possibles. Naturellement, il est nécessaire d'être extrêmement prudent quand on fait des affirmations de ce genre : il nous est arrivé déjà au moins à deux reprises de penser que nous étions à deux doigts d'une synthèse définitive. Au début de ce siècle, on croyait pouvoir tout comprendre au moyen de la mécanique du continu. Il suffisait de mesurer un certain nombre de coefficients d'élasticité, de viscosité, de conductivité, etc. La découverte de la structure atomique et de la mécanique quantique a ruiné cet espoir. Puis, à nouveau, à la fin des années 1920, Max Born a pu dire à un groupe de physiciens venus visiter Göttingen que « la physique telle que nous la connaissons sera achevée dans six mois ». C'était peu de temps après que Paul Dirac, qui a été un des titulaires de la *Lucasian Chair,* a découvert l'« équation de Dirac », qui gouverne le comportement de l'électron. On s'attendait à ce qu'une équation du même genre gouverne le proton, qui était la seule autre particule présumée élémentaire connue à cette époque. Mais la découverte du neutron et des forces nucléaires a ruiné ces espoirs. En fait, nous savons maintenant que ni le proton ni le neutron ne sont élémentaires, et qu'ils sont fabriqués avec des particules plus petites. Il n'en reste pas moins que nous avons fait beaucoup de progrès dans les dernières années et qu'il existe, comme je vais le montrer, certaines raisons d'adopter un optimisme prudent et de croire que quelques-uns de ceux qui sont présents ici pourront connaître une théorie complète.

A supposer que nous parvenions effectivement à construire une théorie unifiée et complète, nous ne pourrions pas pour autant faire des prédictions précises, sauf dans les situations les plus simples. Par exemple, nous connaissons déjà les lois physiques qui gouvernent tout ce dont nous faisons l'expérience dans la vie de tous les jours : comme Dirac l'avait fait remarquer, son équation était le fondement de « la plus grande partie de la physique et de la totalité de la chimie ». Pourtant, nous n'avons pu résoudre cette équation que pour le système le plus simple de tous, l'atome d'hydrogène, qui est formé d'un proton et d'un électron. Pour des atomes plus compliqués avec plus d'électrons, sans parler des molécules qui ont plus d'un noyau, nous sommes obligés d'avoir recours à des approximations et à des conjectures intuitives dont la validité est suspecte. Pour des systèmes macroscopiques formés de quelque chose comme 10^{23} particules, nous devons utiliser des méthodes statistiques et abandonner toute ambition de trouver des solutions exactes aux équations. Bien qu'en principe nous connaissions les équations qui gouvernent l'ensemble de la biologie, nous n'avons pas été capables de réduire l'étude du comportement humain à une partie des mathématiques appliquées.

Que pourrait vouloir dire « disposer d'une théorie unifiée complète de la physique » ? Dans toute tentative pour construire des modèles de la réalité physique, on trouve normalement deux choses :

1. Un ensemble de lois locales auxquelles obéissent les différentes grandeurs physiques. Ces lois sont habituellement formulées en termes d'équations différentielles.

2. Des ensembles de conditions aux limites, qui nous donnent l'état de telle ou telle région de l'Univers à un temps donné ainsi que les

effets qui se propagent ensuite dans cette région à partir du reste de l'Univers.

Beaucoup de gens seraient prêts à soutenir que le rôle de la science se limite à fournir la première de ces deux choses et que la physique théorique aura atteint son but lorsque nous disposerons d'un ensemble complet de lois physiques locales. Ces personnes auront tendance à considérer qu'en ce qui concerne l'Univers, la question des conditions initiales relève du domaine de la métaphysique ou de la religion. En un sens, cette attitude ressemble à celle de ceux qui décourageaient la recherche scientifique, dans les siècles antérieurs, en affirmant que les phénomènes naturels étaient l'œuvre de Dieu et qu'il n'y avait pas lieu de les analyser. Je pense que les conditions initiales de l'Univers sont susceptibles d'être un objet de recherche scientifique tout autant que les lois physiques locales. Nous n'aurons pas de théorie complète tant que nous ne pourrons pas aller plus loin que la simple affirmation selon laquelle « les choses sont ce qu'elles sont parce qu'elles étaient ce qu'elles étaient ».

La question de l'unicité des conditions initiales est étroitement liée à celle du caractère arbitraire des lois physiques locales : on ne tiendrait pas pour complète une théorie qui contiendrait des paramètres ajustables, des masses ou des constantes de couplage, par exemple, qui seraient susceptibles de recevoir n'importe quelle valeur. Il semble en fait que les conditions initiales ou les valeurs des paramètres dans la théorie ne sont pas plus arbitraires les unes que les autres, mais qu'elles sont en un certain sens choisies ou sélectionnées très soigneusement. Par exemple, si la différence de masse entre le proton et le neutron n'était pas environ le double de la masse de l'électron, on n'aurait pas à peu près deux cents nucléides stables, ceux qui composent les éléments et qui sont la base de la chimie et de la biologie. De même, si la masse gravitationnelle du proton était sensiblement différente de ce qu'elle est, on n'aurait pas pu avoir d'étoiles dans lesquelles ces nucléides ont pu se composer, et si l'expansion initiale de l'Univers avait été légèrement plus faible ou plus forte, ou bien l'Univers se serait effondré avant que de telles étoiles puissent évoluer, ou bien son expansion aurait été si rapide que les étoiles n'auraient jamais pu être formées par condensation gravitationnelle. De fait, certains ont été jusqu'à donner à ces restrictions sur les conditions initiales et sur les paramètres le statut d'un principe, le principe anthropique, qu'on peut paraphraser de la manière suivante : « Les choses sont ce qu'elles sont parce que nous existons. » Selon l'une des versions de ce principe, il existe un très grand nombre d'univers séparés différents correspondant à des valeurs différentes des paramètres physiques et à des conditions initiales différentes. La plupart de ces univers ne présentent pas des conditions correctes de développement pour les structures complexes indispensables à la présence d'une vie intelligente. Ce n'est que dans un petit nombre de ces univers, munis de conditions et de paramètres analogues à ceux du nôtre, qu'une vie intelligente pourra se développer et qu'il sera possible de poser la question : « Pourquoi l'Univers est-il tel que nous l'observons ? » Naturellement, la réponse est que si l'Univers était autrement qu'il n'est, il n'y aurait personne pour poser la question.

Le principe anthropique donne effectivement un certain genre d'explication pour un grand nombre des remarquables relations numériques qu'on observe entre les valeurs des différents paramètres. Toutefois il n'est pas complètement satisfaisant : on ne peut pas s'empêcher de penser qu'il doit y avoir une explication plus profonde. Par ailleurs, il ne peut pas rendre compte de toutes les régions de l'Univers. Par exemple, il est certain que notre système solaire est un prérequisit pour notre existence, de même que la présence d'une génération d'étoiles voisines dans lesquelles des éléments lourds auront pu être formés par synthèse nucléaire. Peut-être même est-ce la totalité de notre galaxie qui était requise. Mais il ne semble pas qu'il y ait aucune nécessité à l'existence d'autres galaxies, et moins encore à l'existence des milliards de galaxies que nous pouvons voir, distribuées à peu près uniformément à travers l'Univers observable. Cette homogénéité de l'Univers à grande échelle rend très difficile de soutenir un point de vue anthropocentrique ou de croire que la structure de l'Univers puisse être déterminée par quelque chose d'aussi périphérique que certaines structures moléculaires compliquées sur une planète mineure en orbite autour d'une étoile tout à fait moyenne dans les banlieues lointaines d'une spirale galactique passablement ordinaire.

Si nous renonçons au principe anthropique, il nous faut une théorie unificatrice pour rendre compte des conditions initiales de l'Univers et des valeurs des différents paramètres physiques. Mais concevoir d'un seul coup une théorie complète du tout pose bien trop de difficultés (bien que cela ne semble pas arrêter tout le monde : je trouve deux ou trois théories unifiées dans mon courrier chaque semaine). Ce que nous faisons consiste plutôt à chercher des théories partielles qui vont décrire des situations dans lesquelles il est possible de négliger certaines interactions ou d'en donner une approximation simple. Pour commencer, nous divisons le contenu matériel de l'Univers en deux parties, les particules « de matière » telles que les quarks, les électrons, les muons, etc., et les « interactions », telles que la gravitation, l'électromagnétisme, etc. Les particules de matière sont décrites par des champs de spin demi-entier et elles obéissent au principe d'exclusion de Pauli, qui interdit qu'il y ait plus d'une particule d'une espèce donnée dans un état, quel qu'il soit. C'est pour cette raison que nous pouvons avoir des corps solides qui ne s'effondrent pas jusqu'à ne former qu'un point et qui ne se perdent pas non plus à l'infini sous forme de rayonnement. Les particules de matière sont divisées en deux groupes, les hadrons, qui sont composés de quarks, et les leptons, qui comprennent tout le reste.

On distingue phénoménologiquement les interactions en quatre catégories. Ces catégories sont, par ordre de force décroissante : les interactions nucléaires fortes, qui interagissent seulement avec les hadrons, les interactions électromagnétiques qui interagissent avec les hadrons chargés et avec les leptons, les interactions nucléaires faibles qui interagissent avec tous les hadrons et les leptons et, pour finir, celles qui sont de loin les plus faibles : les interactions gravitationnelles qui interagissent avec tout. Les interactions sont représentées par des champs de spin entier qui n'obéissent pas au principe d'exclusion de Pauli. Cela veut dire qu'ils peuvent comporter de nombreuses particules qui sont dans le même état. Dans le cas des interactions électromagnétiques et gravitationnelles, les interactions sont par ailleurs à longue portée, ce qui signifie que les champs produits par un grand nombre de particules de matière peuvent s'additionner tous ensemble pour donner un champ qui pourra être détecté à l'échelle macroscopique. C'est pour ces raisons que ces interactions ont été les premières à faire l'objet de théories, celle de Newton au XVIIe siècle pour la gravitation et celle de Maxwell au XIXe siècle pour l'électromagnétisme. Ces théories étaient toutefois fondamentalement incompatibles, parce que la théorie newtonienne était invariante si on donnait à l'ensemble du système une vitesse uniforme quelconque, tandis que la théorie de Maxwell définissait une vitesse privilégiée, celle de la lumière. Il s'est révélé finalement nécessaire de modifier la théorie newtonienne de la gravitation pour la rendre compatible avec les propriétés d'invariance de la théorie de Maxwell. Ce résultat a été obtenu grâce à la théorie de la relativité générale d'Einstein, formulée en 1915.

La théorie de la relativité générale pour la gravitation et la théorie de Maxwell pour l'électrodynamique étaient ce qu'on appelle des « théories classiques », c'est-à-dire qu'elles travaillaient avec des grandeurs qui variaient de manière continue et qui pouvaient, du moins en principe, être mesurées avec un degré de précision arbitraire. Mais une difficulté a surgi quand on a tenté de se servir de théories de ce genre pour construire un modèle de l'atome.

On a découvert que l'atome était formé d'un noyau très petit chargé positivement et entouré par un nuage d'électrons chargés négativement. Il semblait naturel de supposer que les électrons se trouvaient en orbite autour du noyau, de même que la Terre est en orbite autour du Soleil. Toutefois la théorie classique prédisait que les électrons devaient émettre des ondes électromagnétiques. Ces ondes produiraient une déperdition d'énergie et causeraient une chute en spirale des électrons sur le noyau, provoquant par là même l'effondrement de l'atome.

Cette difficulté a été surmontée par ce qui est sans aucun doute la réussite la plus spectaculaire de la physique théorique de ce siècle, la découverte de la théorie quantique. Le postulat fondamental de cette théorie est le « principe d'indétermination » de Heisenberg, qui suppose que certains couples de grandeurs, par exemple la position et la quantité de mouvement d'une particule, ne peuvent pas être mesurés simultanément avec une précision arbitraire. Dans le cas de l'atome, cela veut dire que, dans l'état d'énergie la plus basse, l'électron ne peut pas être immobile dans le noyau parce que, si tel était le cas, sa position et sa vitesse pourraient être définies simultanément avec exactitude. L'électron doit donc être étalé autour du noyau, avec une certaine distribution de probabilité. Dans cet état, l'électron ne peut pas émettre de l'énergie sous forme d'ondes électromagnétiques, puisqu'il n'aurait aucun état d'énergie inférieure où aller.

Dans les années 1920 et 1930, la mécanique quantique a été appliquée avec succès à des systèmes tels que les atomes et les molécules qui ont seulement un nombre fini de degrés de liberté. Mais des difficultés se sont présentées quand on a essayé d'appliquer la mécanique quantique au champ électromagnétique, qui a un nombre infini de degrés de liberté, soit *grosso modo* deux pour chaque point de l'espace-temps. On peut considérer ces degrés de liberté comme des oscillateurs, chacun ayant sa propre position et sa propre quantité de mouvement. Les oscillateurs ne peuvent pas être immobiles parce qu'alors ils auraient des positions et des quantités de mouvement exactement définies. Au lieu de cela, chaque oscillateur doit avoir une certaine quantité minimale de ce qu'on appelle des « fluctuations de point zéro », ainsi qu'une énergie non nulle. En sorte que les énergies des fluctuations de point zéro de la totalité du nombre infini des degrés de liberté rendent infinies la masse apparente et la charge de l'électron.

Pour surmonter cette difficulté, on a développé à la fin des années 1940 une procédure appelée renormalisation. Cela consistait à soustraire, de façon assez arbitraire, certaines grandeurs infinies, pour qu'il ne reste plus que des grandeurs finies. Dans le cas de l'électrodynamique, il était nécessaire d'opérer deux soustractions infinies de ce genre, l'une pour la masse et l'autre pour la charge de l'électron. Cette procédure de renormalisation n'a jamais été fondée conceptuellement ou mathématiquement de manière très solide, mais elle a très bien fonctionné dans la pratique. Son grand succès a été la prédiction d'un petit déplacement de certaines raies du spectre de l'atome d'hydrogène, le *Lamb shift* (déplacement de Lamb). Pourtant, elle n'est pas très satisfaisante en tant que tentative pour construire une théorie complète parce qu'elle ne fait aucune prédiction sur les valeurs des grandeurs finies qui restent après qu'on a soustrait des quantités infinies. Il nous faudrait alors en revenir au principe anthropique pour expliquer pourquoi l'électron a la masse et la charge qui sont les siennes.

Au cours des années 1950 et 1960, on a cru que les forces nucléaires faibles et fortes n'étaient pas renormalisables, c'est-à-dire qu'il faudrait un nombre infini de soustractions infinies pour les rendre finies. Il y aurait un nombre infini de grandeurs finies résiduelles qui ne seraient pas déterminées par la théorie. Une telle théorie n'aurait pas de pouvoir prédictif parce qu'on ne pourrait jamais mesurer la totalité du nombre infini des paramètres. Cependant, en 1971, 'tHooft a montré qu'un modèle unifié des interactions électromagnétiques et des interactions faibles qui avait été proposé antérieurement par Salam et Weinberg était effectivement renormalisable avec seulement un nombre fini de soustractions infinies. Dans la théorie de Salam-Weinberg, le photon, particule de spin 1 qui porte l'interaction électromagnétique, est associé à trois autres partenaires de spin 1, appelés W^+, W^- et Z^0. Pour des énergies très élevées, on prédit que le comportement de ces quatre particules est semblable. Toutefois, à des énergies plus basses, on invoque un phénomène appelé « brisure spontanée de symétrie » pour expliquer le fait que le photon ait une masse au repos nulle alors que les W^+, W^- et Z^0 sont toutes très massives. Les prédictions de cette théorie pour les basses énergies ont montré un accord remarquable avec les observations, ce qui a conduit l'Académie suédoise à décerner l'année dernière le Prix Nobel à Salam, à Weinberg et à Glashow, lequel avait aussi élaboré des théories unifiées du même genre. Mais Glashow lui-même a remarqué que le Comité Nobel faisait vraiment là un pari risqué, car nous ne disposons pas encore d'accélérateurs de particules d'énergie suffisamment élevée pour mettre la théorie à l'épreuve dans la région où l'unification entre les forces électromagnétiques, portées par le photon, et les forces faibles, portées par les W^+, W^- et Z^0, intervient réellement. Des accélérateurs suffisamment puissants seront prêts dans quelques années et la plupart des physiciens pensent qu'ils permettront de confirmer la théorie de Salam-Weinberg.

Le succès de la théorie de Salam-Weinberg a conduit à la recherche d'une théorie des interactions fortes qui serait renormalisable d'une manière semblable. On s'était rendu compte assez tôt que le proton et d'autres hadrons tels que le méson π ne pouvaient pas être des particules véritablement élémentaires, et qu'ils devaient être des états liés d'autres particules appelées quarks. Ces derniers semblent posséder une propriété curieuse : bien qu'ils aient un mouvement assez libre à l'intérieur des hadrons, il se révèle impossible d'obtenir un quark unique tout seul; les quarks se manifestent toujours soit par groupes de trois (comme le proton ou le neutron) soit par paires formées d'un quark et d'un anti-quark (comme le méson π). Pour expliquer ce phénomène, on a doté les quarks d'un attribut qu'on a appelé la couleur. Cela n'a rien à voir, bien sûr, avec notre perception normale de la couleur; les quarks sont bien trop petits pour qu'on puisse les voir à la lumière visible. C'est simplement un nom commode. L'idée est que les quarks se présentent sous trois couleurs, rouge, vert et bleu, mais que tout état lié isolé tel qu'un hadron est nécessairement sans couleur, qu'il soit une combinaison de rouge, vert et bleu comme le proton ou bien un mélange de rouge et d'anti-rouge, de vert et d'anti-vert et de bleu et d'anti-bleu comme le méson π.

Les interactions fortes entre les quarks sont censées être portées par des particules de spin 1 appelées gluons et qui sont un peu comme les particules véhicules de l'interaction faible. Les gluons ont aussi une couleur et ils obéissent, avec les quarks, à une théorie renormalisable appelée chromodynamique quantique, QCD en abrégé. La procédure de renormalisation a pour conséquence que la constante de couplage effective de la théorie dépend de l'énergie à laquelle elle est mesurée et tend vers zéro aux très hautes énergies. Ce phénomène est connu sous le nom de liberté asymptotique. Il signifie que les quarks se comportent à l'intérieur d'un hadron presque comme des particules libres dans les collisions à hautes énergies, en sorte que leurs interactions sont susceptibles d'un traitement en perturbations. Les prédictions de la théorie des perturbations montrent un accord qualitatif raisonnable avec l'observation, mais on ne peut pas encore réellement affirmer que la théorie soit expérimentalement vérifiée. Aux basses énergies, la constante de couplage effective devient très grande et la théorie des perturbations ne s'applique plus. On espère que cet « esclavage infra-rouge » *(infra-red slavery)* expliquera pourquoi les quarks sont toujours confinés en états liés sans couleur, mais jusqu'à présent personne n'a été capable de démontrer ce point de manière réellement convaincante.

Comme on avait obtenu une théorie renormalisable pour les interactions fortes et une autre pour les interactions faibles et électromagnétiques, il était naturel de chercher une théorie qui pourrait combiner les deux. A des théories de ce type, on donne le nom grandiloquent de « théories de grande unification », abrégé en GUTs *(grand unified theories).* Cette appellation est assez trompeuse, puisque ces théories ne sont ni tellement grandes, ni complètement unifiées, et qu'elles ne sont pas des théories complètes dans la mesure où elles contiennent un certain nombre de paramètres de renormalisation indéterminés tels que des constantes de couplage et des masses. Il se pourrait pourtant qu'elles représentent une avancée significative sur la voie d'une théorie unifiée complète. L'idée fondamentale est que la constante de couplage effective pour les interactions fortes, qui est grande aux basses énergies, décroît progressivement aux hautes énergies à cause de la liberté asymptotique. D'un autre côté, la constante de couplage effective de la théorie de Salam-Weinberg, qui est petite aux basses énergies, augmente progressivement aux hautes énergies parce que cette théorie n'est pas asymptotiquement libre. Si on extrapole le rythme d'augmentation et de diminution de ces deux constantes de couplage aux basses énergies, on trouve qu'elles deviennent égales à une énergie d'environ 10^{15} GeV. Les théories suggèrent qu'au-delà de cette énergie, les interactions fortes sont unifiées avec les interactions faibles et électromagnétiques, mais qu'aux basses énergies il y a une brisure spontanée de symétrie.

Travailler à une énergie de 10^{15} GeV est parfaitement hors de portée de toute expérience de laboratoire : la génération actuelle des accélérateurs de particules peut produire des énergies de centre de masse d'environ 10 GeV et la génération suivante produira des énergies d'environ 100 GeV. Ce sera suffisant pour explorer le domaine d'énergie dans lequel les forces électromagnétiques devraient être unifiées avec les forces faibles selon la théorie de Salam-Weinberg, mais non pour explorer l'énergie incroyablement élevée à laquelle les interactions faibles et électromagnétiques devraient être, selon les prédictions, unifiées avec les interactions fortes. Les théories de grande unification font cependant certaines prédictions à basse énergie qui peuvent être testées en laboratoire. Par exemple, ces théories prédisent que le proton n'est sans doute pas complètement stable, qu'il doit se désintégrer et que sa durée de vie est de l'ordre de 10^{31} années. Expérimentalement, la limite inférieure est à l'heure actuelle d'environ 10^{30} années pour la durée de vie du proton et il devrait être possible d'améliorer ce résultat.

Une autre prédiction observable concerne le rapport des nombres de baryons et de photons dans l'Univers. Les lois de la physique semblent être les mêmes pour les particules et les antiparticules. Plus précisément, elles restent les mêmes si on remplace des particules par des antiparticules, si on échange la droite et la gauche, et si on change le signe des vitesses de toutes les particules. Cette observation est connue sous le nom de théorème PCT, et c'est une conséquence d'hypothèses fondamentales qui devraient être valides dans toute théorie raisonnable. Pourtant la Terre, et même tout le système solaire, est faite de protons et de neutrons sans aucun antiproton ni antineutron. De fait, un tel déséquilibre entre les particules et les antiparticules est encore une autre condition *a priori* de notre existence : car si le système solaire était composé d'un mélange égal de particules et d'antiparticules, elles s'annihileraient toutes les unes les autres et il ne resterait simplement que du rayonnement. Puisque nous observons l'absence d'un tel rayonnement d'annihilation, nous pouvons conclure que notre galaxie entière est faite de particules plutôt que d'antiparticules. Nous n'avons pas de témoignage direct au sujet des autres galaxies, mais il semble vraisemblable qu'elles sont composées de particules et qu'il existe dans l'Univers en son entier un excès des particules sur les antiparticules d'environ une particule pour 10^8 photons. On pourrait essayer de rendre compte de ce fait en invoquant le principe anthropique, mais les théories de grande unification fournissent en réalité un mécanisme possible pour l'explication de ce déséquilibre. Bien que toutes les interactions semblent être invariantes pour toute transformation combinant C (on remplace les particules par les antiparticules), P (on échange la droite et la gauche) et T (on renverse le sens du temps), on sait qu'il y a des interactions qui ne sont pas invariantes par T pris isolément. Dans l'Univers à ses débuts, qui est caractérisé par une très forte flèche du temps donnée par l'expansion, ces interactions ont pu produire plus de particules que d'antiparticules. Cependant, le nombre produit dépend beaucoup des modèles choisis, de sorte que l'accord avec l'observation peut difficilement passer pour une confirmation des théories de grande unification.

Jusqu'à présent, l'essentiel des efforts a été consacré à l'unification des trois premières catégories d'interactions physiques, les interactions nucléaires fortes et faibles et l'électromagnétisme. La quatrième et dernière, l'interaction gravitationnelle, a été négligée. Cela s'explique par le fait que la gravitation est si faible que les effets gravitationnels quantiques ne seraient importants que pour des particules dont les énergies sont tout à fait hors de portée de n'importe quel accélérateur de particules.

Une autre justification consiste dans le fait que la gravitation ne paraît pas être renormalisable : il semble que pour obtenir des réponses finies on soit obligé de faire un nombre infini de soustractions avec un nombre infini correspondant de résidus finis indéterminés. Il faut pourtant bien inclure la gravitation si on veut obtenir une théorie complètement unifiée. De plus, la théorie classique de la relativité générale prédit qu'il doit y avoir des singularités d'espace-temps où la force du champ gravitationnel devient infinie. Ces singularités se présenteraient dans le passé au début de l'expansion actuelle de l'Univers (le Big Bang) et dans le futur, dans l'effondrement gravitationnel des étoiles et peut-être de l'Univers lui-même. La prédiction de singularités indique probablement que la théorie classique ne sera plus applicable. Il semble pourtant qu'il n'y ait pas de raison qu'elle cesse d'être applicable tant que le champ gravitationnel n'est pas assez fort pour que les effets gravitationnels quantiques soient importants. Ainsi une théorie quantique de la gravitation est-elle essentielle si nous voulons décrire l'Univers à ses débuts et donner des conditions initiales une explication qui aille plus loin que la simple invocation du principe anthropique.

Une telle théorie est également requise si nous voulons répondre à la question : « Le temps a-t-il réellement un commencement et, peut-être, une fin comme le prédit la relativité générale classique, ou bien les singularités dans le Big Bang et le Big Crunch sont-elles d'une certaine manière étalées par des effets quantiques ? » C'est une question à laquelle il est difficile de donner une signification bien précise, dans la mesure où la structure même de l'espace et du temps est soumise au principe d'indétermination. Mon sentiment personnel est que les singularités sont probablement encore présentes bien qu'on puisse prolonger le temps au-delà d'elles, en un certain sens mathématique. Toutefois, ce serait la fin de tout concept subjectif de temps relié à la conscience ou à la capacité d'effectuer des mesures.

Quelles sont les perspectives ouvertes concernant l'obtention d'une théorie quantique de la gravitation et de son unification avec les autres catégories d'interactions? L'espoir le plus sûr paraît résider dans une extension de la relativité générale appelée supergravité. Dans cette extension, le graviton, la particule de spin 2 véhicule de l'interaction gravitationnelle, est associé à un certain nombre d'autres champs de spin plus faible par ce qu'on appelle des transformations de supersymétries. Une telle théorie a le mérite remarquable de nous débarrasser de l'ancienne dichotomie entre la « matière » représentée par les particules de spin demi-entier et les « interactions » représentées par les particules de spin entier. Elle présente aussi le grand avantage qu'une bonne partie des infinis qui surgissent dans la théorie quantique s'annulent les uns les autres. On ne sait pas encore s'ils s'annulent tous, de manière à donner une théorie qui soit finie sans aucune soustraction infinie. On espère que c'est le cas, parce qu'on peut montrer que des théories qui incluent la gravité sont ou bien des théories finies ou bien des théories non renormalisables – en d'autres termes, on peut montrer que si on est obligé de faire des soustractions infinies, quelles qu'elles soient, alors on sera obligé de faire un nombre infini de telles soustractions, avec un nombre infini correspondant de résidus indéterminés. Si donc tous les infinis dans la supergravité se révélaient s'annuler les uns les autres, nous pourrions avoir une théorie qui non seulement unifierait toutes les particules de matière et les interactions, mais qui de plus serait complète au sens où elle n'aurait aucun paramètre de renormalisation indéterminé.

Bien que nous ne disposions pas encore d'une théorie satisfaisante de la gravitation quantique, et moins encore d'une théorie qui puisse l'unifier avec les autres interactions physiques, nous avons une idée de certains des caractères qu'elle devrait avoir. L'un de ces caractères est lié au fait que la gravitation affecte la structure causale de l'espace-temps, en d'autres termes elle détermine quels événements peuvent être causalement reliés les uns aux autres. On a un exemple de ceci en théorie classique de la relativité générale avec le trou noir, qui est une région de l'espace-temps dans laquelle le champ gravitationnel est si fort que la lumière ou tout autre signal sont retenus dans cette région et ne peuvent pas s'échapper dans le monde extérieur. Le champ gravitationnel intense qui règne à proximité du trou noir provoque la création de paires de particules et d'antiparticules, les unes tombant dans le trou noir et les autres s'échappant à l'infini. Les particules qui s'échappent semblent avoir été émises par le trou noir. Un observateur placé à une certaine distance du trou noir ne peut mesurer que les particules qui sortent et il ne peut pas les corréler avec celles qui tombent dans le trou parce qu'il ne peut pas les observer. Cela veut dire que les particules qui sortent ont un degré supplémentaire de hasard ou d'imprédictibilité, qui vient s'ajouter à celui qu'on associe habituellement au principe d'indétermination. Dans les situations normales, le principe d'indétermination implique qu'il est tout à fait possible de prédire *soit* la position, *soit* la vitesse d'une particule, *soit* une combinaison de la position et de la vitesse. Ainsi, *grosso modo,* notre capacité à faire des prédictions qui se révéleraient exactes est diminuée de moitié. Toutefois, dans le cas des particules émises par un trou noir, le fait qu'on ne puisse pas observer ce qui se passe à l'intérieur du trou noir signifie qu'on ne peut prédire exactement *ni* les positions, *ni* les vitesses des particules émises. Tout ce qu'on peut faire, c'est donner des probabilités pour que les particules soient émises selon certains modes.

Par conséquent il semble que, même si nous concevons une théorie unifiée, nous ne puissions faire que des prédictions statistiques et qu'il nous faille aussi abandonner l'idée qu'il existe un Univers unique, celui que nous observons. Nous devrions adopter plutôt l'image d'un ensemble de tous les univers possibles, avec une certaine distribution de probabilité. Cela pourrait expliquer pourquoi l'Univers a commencé avec le Big Bang dans un équilibre thermique presque parfait : l'équilibre thermique correspondrait au plus grand nombre de configurations microscopiques et par suite à une probabilité maximum. Comme le disait Pangloss, le philosophe de Voltaire : « Nous vivons dans le plus probable de tous les mondes possibles. »

Quel espoir pouvons-nous avoir de trouver une théorie unifiée complète dans un futur pas trop éloigné ? Chaque fois que nous avons étendu nos observations à des échelles de longueur plus petites et à des énergies plus grandes, nous avons trouvé de nouvelles couches de structures. Au début du siècle, la découverte du mouvement brownien avec une énergie particulaire typique de 3×10^{-2} eV a montré que la matière n'était pas continue, mais faite d'atomes. Peu après, on a découvert que ces atomes présumés indivisibles étaient faits d'électrons en orbite autour d'un noyau avec des énergies de l'ordre de quelques électrons-volts. Le noyau à son tour s'est révélé composé de particules dites élémentaires, les protons et les neutrons, dont la cohésion était due à des liaisons nucléaires de l'ordre de 10^6 eV. L'épisode le plus récent de cette histoire est la découverte que le proton et le neutron sont faits de quarks liés par des forces de l'ordre de 10^9 eV. Le fait que nous ayons maintenant besoin de machines énormes et d'une quantité considérable d'argent pour réaliser une expérience dont nous ne pouvons pas prédire les résultats constitue un bel hommage à l'importance des progrès que nous avons faits en physique théorique.

Notre expérience passée pourrait laisser croire qu'il existe une suite infinie de couches de structure aux énergies de plus en plus grandes. De fait, une telle conception d'une régression infinie d'emboîtements était un dogme officiel dans la Chine de la Bande des Quatre. Cependant, il semble que la gravitation doive fournir une limite à ce processus d'emboîtements, mais seulement à la très petite échelle de longueur de 10^{-33} cm, ou à l'énergie très grande de 10^{28} eV. Pour des échelles de longueur plus petites que celle-là, on peut s'attendre à ce que l'espace-temps cesse de se comporter comme un continuum lisse et à ce qu'il acquière une structure du genre mousse *(foam-like)* en raison des fluctuations quantiques du champ gravitationnel.

Il existe une vaste région non explorée entre notre limite expérimentale actuelle, qui se situe aux environs de 10^{10} eV, et la valeur limite gravitationnelle à 10^{28} eV. Il pourrait paraître naïf de supposer, comme le font les théories de grande unification, qu'il n'y a qu'une ou deux couches de structure dans cet énorme intervalle. Nous avons pourtant quelques raisons d'être optimistes : pour l'instant en tout cas, il semble que la gravitation ne puisse être unifiée avec les autres interactions physiques que dans une théorie de supergravité. Apparemment il n'y a qu'un nombre fini de telles théories. En particulier, il existe une théorie extrême, une théorie de supergravité étendue qu'on appelle N = 8. Cette théorie contient un graviton, huit particules de spin 3/2 appelées gravitinos, vingt-huit particules de spin 1, cinquante-six particules de spin 1/2 et soixante-dix particules de spin 0. Bien que ces nombres soient importants, ils ne le sont pas suffisamment pour qu'on puisse rendre compte de toutes les particules que nous observons apparemment dans les interactions forte et faible. Par exemple, la théorie N = 8 a vingt-huit particules de spin 1. Cela suffit pour rendre compte des gluons qui portent les interactions fortes et de deux des particules qui portent les interactions faibles, mais pas des deux autres. Il faudrait donc penser que beaucoup, voire la plupart, des particules observées telles que les gluons ou les quarks ne sont pas réellement élémentaires, comme elles paraissent l'être actuellement, mais qu'elles sont des états liés des particules fondamentales N = 8. Il est peu probable que nous disposions dans un futur prévisible, ou même que nous disposions jamais, d'accélérateurs suffisamment puissants pour explorer ces structures complexes – notamment si on se représente ce futur en se fondant sur les tendances économiques actuelles. Néanmoins, le fait que ces états liés aient émergé de la théorie bien définie N = 8 devrait nous permettre d'émettre un certain nombre de prédictions susceptibles d'être mises à l'épreuve aux énergies actuellement accessibles ou à celles qui le seront bientôt. La situation pourrait ainsi être analogue à celle de la théorie de Salam-Weinberg pour l'unification des forces électromagnétiques et faibles. Les prédictions de cette théorie aux basses énergies montrent un tel accord avec l'observation que la théorie est maintenant acceptée, bien que nous n'ayons pas encore atteint l'énergie à laquelle l'unification doit avoir lieu.

La théorie qui décrit l'Univers doit avoir

quelque chose de très spécifique. Pourquoi cette théorie voit-elle le jour alors que d'autres n'existent que dans l'esprit de leurs inventeurs? La théorie de supergravité N = 8 peut effectivement revendiquer un caractère très spécial. Il semble qu'elle soit peut-être la seule théorie :

1. qui soit quadri-dimensionnelle
2. qui intègre la gravitation
3. qui soit finie sans aucune soustraction infinie.

J'ai déjà souligné le fait que cette troisième propriété est nécessaire si nous voulons avoir une théorie complète sans paramètres. Il est toutefois difficile de rendre compte des propriétés 1 et 2 sans invoquer le principe anthropique. Il semble qu'il existe une théorie cohérente qui satisfasse aux propriétés 1 et 3, mais sans inclure la gravitation. Mais dans un tel univers il n'y aurait probablement pas assez de forces de type attractif pour assembler la matière sous la forme des gros agrégats qui sont probablement nécessaires au développement de structures complexes. La question de savoir pourquoi l'espace-temps est quadridimensionnel est habituellement considérée comme une question qui ne relève pas du domaine de la physique. Toutefois, là encore, le principe anthropique nous fournit une explication. Il est clair qu'un espace-temps à trois dimensions, deux d'espace et une de temps, est insuffisant pour n'importe quel organisme complexe. Par ailleurs, si le nombre des dimensions d'espace était supérieur à trois, les orbites des planètes autour du Soleil ou celles des électrons autour d'un noyau seraient instables et donneraient un mouvement en spirale vers l'intérieur. Il reste la possibilité qu'il y ait plus d'une dimension du temps, mais en ce qui me concerne, je trouve un tel univers extrêmement difficile à imaginer.

Dans tout ce qui précède, j'ai émis l'hypothèse qu'il existe une théorie ultime. Mais qu'en est-il? Il existe au moins trois possibilités :

1. Il existe une théorie unifiée complète.
2. Il n'y a pas de théorie ultime, mais plutôt une suite infinie de théories qui sont telles que n'importe quelle classe particulière d'observations peut faire l'objet de prédictions si on prend une théorie suffisamment bas dans la chaîne.
3. Il n'y a pas de théorie. Les observations ne peuvent pas être décrites ou prédites au-delà d'un certain point, elles sont tout simplement arbitraires.

La troisième possibilité avait été utilisée à l'encontre des savants du XVIIe et du XVIIIe siècle. « Comment pouvaient-ils espérer formuler des lois et rogner ainsi la liberté qu'a Dieu de changer d'avis? » C'est pourtant ce qu'ils ont fait, et ils ont réussi. Dans les temps modernes, nous avons éliminé de manière efficace la possibilité 3 en l'incorporant à notre plan : la mécanique quantique est essentiellement une théorie de ce que nous ne savons pas et de ce que nous ne pouvons pas prédire.

La possibilité 2 correspondrait à l'image d'une suite infinie de structures à des énergies de plus en plus grandes. Comme je l'ai dit auparavant, cela semble peu vraisemblable parce qu'on peut s'attendre à ce qu'il existe une énergie de coupure au niveau de l'énergie de Planck de 10^{28} eV. Reste donc seulement la possibilité 1. Pour l'instant, la théorie de supergravité N = 8 est la seule envisageable. Il n'est pas impossible qu'un certain nombre de calculs cruciaux effectués dans les prochaines années montrent que la théorie n'est pas bonne. Si la théorie survit à ces épreuves, il faudra sans doute encore quelques années avant que nous puissions développer des méthodes de calcul susceptibles de nous permettre de faire des prédictions et avant que nous puissions rendre compte des conditions initiales de l'Univers aussi bien que des lois physiques locales. Ce sont les problèmes majeurs que devront affronter les physiciens théoriciens dans les quelque vingt prochaines années. Mais, pour conclure sur une remarque un peu alarmiste, il est possible qu'ils ne disposent pas de tant de temps. Pour le moment, les ordinateurs sont un outil utile pour la recherche, mais ils ont besoin d'esprits humains pour les diriger.

Cependant, une simple extrapolation de leur rythme récent de développement montre qu'il est possible qu'ils s'arrogent entièrement l'initiative, en physique théorique. Si bien que ce qui est en vue, c'est peut-être la fin non pas de la physique théorique, mais des physiciens théoriciens.

LE BORD DE L'ESPACE-TEMPS

1. Premières cosmologies

Dès les débuts de la civilisation, les gens se sont posé des questions comme : « L'Univers a-t-il un commencement dans le temps ? Aura-t-il une fin ? Est-il clos ou infini dans son extension spatiale ? » Dans cet article, je voudrais donner une idée de certaines des réponses à ces questions que nous suggèrent les développements modernes de la science. Ce dont je vais parler est, pour l'essentiel, généralement accepté à l'heure actuelle, bien que certains points aient fait l'objet de controverses. Ma conclusion, en revanche, sera fondée sur des travaux très récents à propos desquels il ne s'est pas encore écoulé assez de temps pour qu'un consensus puisse être atteint.

Dans la plupart des anciens récits mythologiques ou religieux, l'Univers, ou tout au moins l'espèce humaine, est créé par un Être divin à une date située dans un passé relativement récent, par exemple en 4044 av. J.-C. De fait, la nécessité de disposer d'une « première cause » pour rendre compte de la création de l'Univers a servi, à l'occasion, d'argument pour démontrer l'existence de Dieu. D'un autre côté, les philosophes grecs tels que Platon et Aristote n'aimaient pas beaucoup l'idée d'une intervention divine de ce genre dans les affaires du monde et ils préféraient donc en général croire que l'Univers avait toujours existé et existerait pour toujours.

Dans le monde antique, la plupart des hommes pensaient que l'Univers était limité dans l'espace. Les premières cosmologies décrivent le monde comme une assiette plate et le ciel comme un plat à pudding renversé qui serait posé pardessus. Toutefois, les Grecs s'étaient rendu compte que la Terre était ronde. Ils avaient construit un modèle compliqué dans lequel la Terre était une sphère entourée d'un certain nombre d'autres sphères qui portaient le Soleil, la Lune et les planètes. La sphère la plus périphérique portait ce qu'on appelait les étoiles fixes, qui conservent les mêmes positions relatives mais qui semblent effectuer une rotation à travers le ciel.

Ce modèle géocentrique fut adopté par l'Église chrétienne. L'un de ses grands attraits était qu'il laissait suffisamment de place à l'extérieur de la sphère des étoiles fixes pour y loger l'Enfer et le Paradis, même si la localisation exacte de ces derniers ne fut jamais très précise. On conserva ce modèle d'univers jusqu'au XVIIe siècle, c'est-à-dire jusqu'à ce que les observations de Galilée aient démontré qu'il fallait le remplacer par le modèle copernicien, dans lequel la Terre et les autres planètes étaient en orbite autour du Soleil. Cette substitution conduisait non seulement à se débarrasser des sphères, mais aussi à mettre en évidence le fait que les « étoiles fixes » devaient se trouver à une distance extrêmement grande, puisque leur seul mouvement apparent lors de la révolution de la Terre autour du Soleil était celui causé par la rotation de la Terre autour de son axe. Une fois cela admis, et une fois abandonnée la croyance que la terre était au centre de l'Univers, il était assez naturel de postuler que les étoiles étaient des soleils analogues au nôtre et qu'elles étaient distribuées de manière à peu près uniforme à travers un Univers infini.

Mais cela soulevait une difficulté : d'après la théorie newtonienne de la gravitation, publiée en 1687, chaque étoile devait subir l'attraction de toutes les autres étoiles de l'Univers. Pourquoi alors les étoiles ne tombaient-elles pas toutes ensemble en se dirigeant vers un même point ? Newton lui-même essaya de répondre en disant que c'est effectivement ce qui se passerait avec un ensemble fini d'étoiles, mais que si l'Univers était infini, alors la force gravitationnelle s'exerçant sur une étoile du fait de l'attraction des étoiles situées d'un côté serait compensée par la force issue des étoiles situées de l'autre. La force résultante appliquée à une étoile quelconque serait donc nulle et par suite les étoiles pourraient rester immobiles. Cet argument est en fait un bon exemple des erreurs dans lesquelles on peut tomber quand on additionne un nombre infini de grandeurs : le résultat dépend de l'ordre dans lequel on les ajoute. Nous savons maintenant qu'une distribution infinie d'étoiles ne peut pas rester au repos si elles exercent toutes une attraction les unes sur les autres : elles se mettent à tomber les unes sur les autres. Le seul moyen d'obtenir d'un univers infini qu'il soit statique est que la force de gravitation devienne répulsive aux grandes distances. Même ainsi, l'Univers est instable parce que si les étoiles se rapprochent légèrement les unes des autres, l'attraction l'emporte sur la répulsion et les étoiles tombent les unes sur les autres. Si par ailleurs elles s'éloignent légèrement les unes des autres, la répulsion l'emporte et elles s'écartent les unes des autres.

L'idée d'un univers infini indifférent au changement présentait une autre difficulté, qui a été remarquée pour la première fois par l'astronome suisse J. L. de Cheseaux et analysée ensuite par H. Olbers. Si l'espace est uniformément peuplé d'étoiles possédant en moyenne

Fig. 1. – Le système ptoléméen d'après la *Cosmographia* d'Apien. Alfonse X (1221-1284), roi de Castille et de Léon, aurait dit, après s'être fait expliquer le système ptoléméen : « Si le Seigneur Tout-Puissant m'avait consulté avant de s'embarquer dans cette affaire de la Création, j'aurais conseillé quelque chose de plus simple. »

le même éclat, alors un calcul simple conduit au résultat que le flux total du rayonnement stellaire qui parvient en un point quelconque de l'Univers est infini!

La figure 2 montre pourquoi. Imaginez une série de coquilles sphériques concentriques d'égale épaisseur disposées autour d'un lieu quelconque, tel que la Terre. D'après l'hypothèse de distribution uniforme, le nombre des étoiles dans chaque coquille est proportionnel au volume de la coquille. Pour une coquille de rayon r, le volume est à son tour proportionnel à r^2. Par ailleurs, la loi en $1/r^2$ qui régit les variations du flux lumineux nous dit que l'intensité de la lumière sur une coquille se trouvant à une distance r de la Terre est proportionnelle à $1/r^2$. Les facteurs en r^2 se compensent donc, ce qui implique que le flux total du rayonnement qui parvient sur la Terre en provenance des étoiles d'une coquille donnée dans l'espace est indépendant du rayon de cette coquille. Si on additionne le rayonnement de toutes les coquilles dans un univers infini dans l'espace, on obtient donc un flux lumineux infini.

Dans un calcul plus complexe, on peut prendre en considération le fait que les étoiles proches sont susceptibles d'arrêter le rayonnement issu des étoiles éloignées; on obtiendra alors ce résultat que l'intensité du rayonnement à la surface de la terre n'est pas infinie, mais

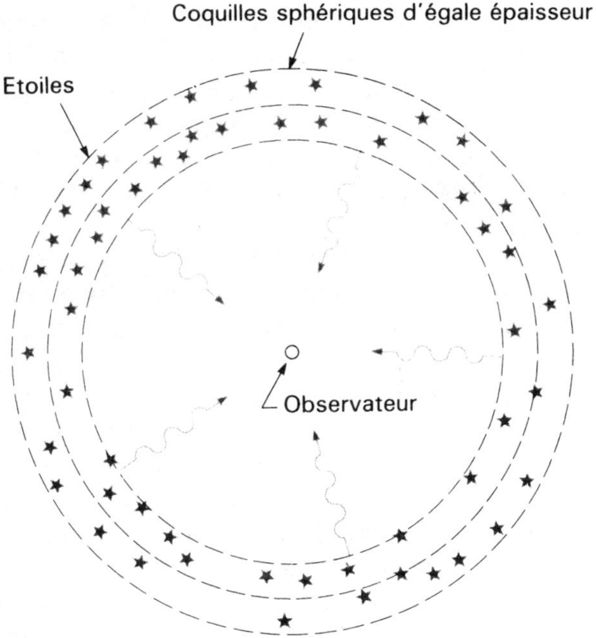

Fig. 2. – Si l'Univers est immuable dans le temps et s'il est uniformément peuplé à l'infini d'étoiles qui ont en moyenne le même éclat, alors le flux lumineux reçu par l'observateur est le même pour chaque coquille de même épaisseur. Cela conduit à la conclusion que le ciel nocturne devrait flamber de lumière.

comparable à celle qui règne à la surface du Soleil. Au lieu de l'obscurité nocturne du ciel qui nous est familière, les cieux devraient flamber comme une chaudière. Il y a manifestement quelque chose qui ne va pas dans le modèle statique de l'Univers, et la question de savoir pourquoi le ciel est sombre pendant la nuit est maintenant connue sous le nom de paradoxe de Olbers.

En dépit de ces difficultés et d'autres encore, tout le monde ou presque croyait, aux XVIIIe et XIXe siècles, que l'Univers était pour l'essentiel immuable dans le temps. La question de savoir si un tel univers avait un commencement dans le temps était une question métaphysique; on pouvait tout aussi bien croire qu'il avait toujours existé ou croire qu'il avait été créé sous sa forme actuelle à un certain moment du temps. La croyance dans le caractère statique de l'Univers était encore vive en 1915, lorsqu'Einstein a formulé sa théorie de la relativité générale, qui modifiait la théorie newtonienne de la gravitation pour la rendre compatible avec les découvertes concernant la propagation de la lumière. Il ajouta donc à sa théorie ce qu'on appelle une « constante cosmologique », qui créait une force répulsive entre les particules très éloignées. Cette force répulsive permettait de compenser l'attraction gravitationnelle normale et rendait possible l'existence d'une solution uniforme statique pour l'Univers.

Il se révéla que cette compensation était instable et ne pouvait pas conduire à un modèle cosmologique satisfaisant. Le modèle d'Einstein possédait toutefois un trait supplémentaire intéressant qui a une valeur durable. Ce trait touche à la géométrie spatiale du modèle. Un trait fondamental de la théorie de la relativité générale d'Einstein est que l'espace (au sens strict, l'espace-temps) peut avoir une courbure. En fait, la gravitation se manifeste précisément sous la forme d'une distorsion ou d'une courbure dans la géométrie de l'espace-temps. Le modèle d'univers d'Einstein donne un bon exemple de cette courbure de l'espace.

Dans un espace plat (c'est-à-dire quand la gravitation est absente), on peut appliquer les règles ordinaires de la géométrie qu'on apprend à l'école. En particulier, le volume d'une sphère de rayon r est $4/3\ \pi r^3$. Dans le modèle d'univers d'Einstein, la gravitation moyenne de toutes les étoiles fait que le volume compris dans une sphère de rayon r devient *inférieur* à $4/3\ \pi r^3$. Une manière commode de décrire un tel système consiste à prendre une analogie bi-dimensionnelle de l'espace à trois dimensions. La surface bi-dimensionnelle d'une balle possède une propriété semblable à celle de l'univers d'Einstein. Sur la figure 3, on a représenté des cercles concentriques dessinés sur la surface

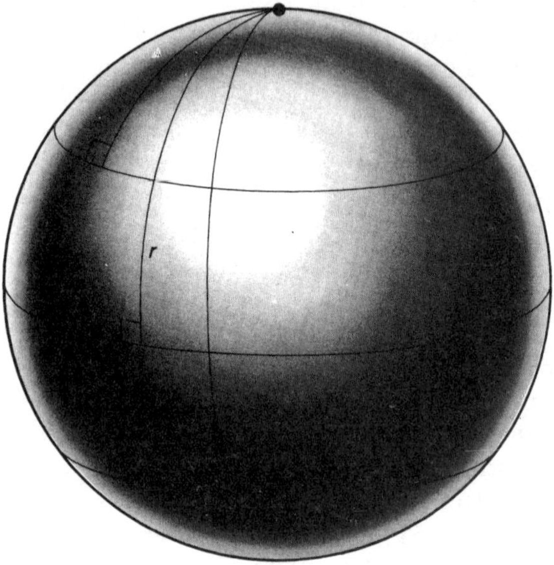

Fig. 3. – Si on trace des cercles concentriques sur la surface d'une sphère, la surface à l'intérieur de ces cercles est inférieure à πr^2. De même, la circonférence est inférieure à $2\pi r$.

de la balle. Ici, la *surface* à l'intérieur des cercles correspond au *volume* englobé par des surfaces sphériques à trois dimensions. Il est facile de voir, en regardant la figure, que la surface à l'intérieur d'un cercle de rayon r est inférieure à πr^2, que donne la formule dont nous nous souvenons tous depuis l'école. La raison en est que la surface de la balle a une courbure.

La concavité uniforme de la balle n'est pas seulement importante pour la géométrie de sa surface, elle l'est aussi pour sa *topologie.* La topologie est la partie des mathématiques qui traite des relations entre les lignes, les surfaces, etc. Elle ne prend pas en considération le détail de la géométrie. Un topologiste admettra par exemple qu'un *doughnut* [1] diffère d'une pomme de terre, parce que cette dernière n'a pas de trou, mais il ne fera pas de distinction entre un *doughnut* et une tasse à thé *(voir figure 4).*

Il est clair que la topologie de la balle est différente de celle d'une feuille de papier plate et infinie – qui serait l'analogue bi-dimensionnel d'un univers infini sans gravitation. La surface de la balle a la propriété d'être finie, et cependant sans limite. Cela veut dire qu'un animal plat qui vivrait à la surface de la balle pourrait explorer chaque point de cette surface sans jamais ren-

1. Le *doughnut* est un beignet en forme d'anneau.

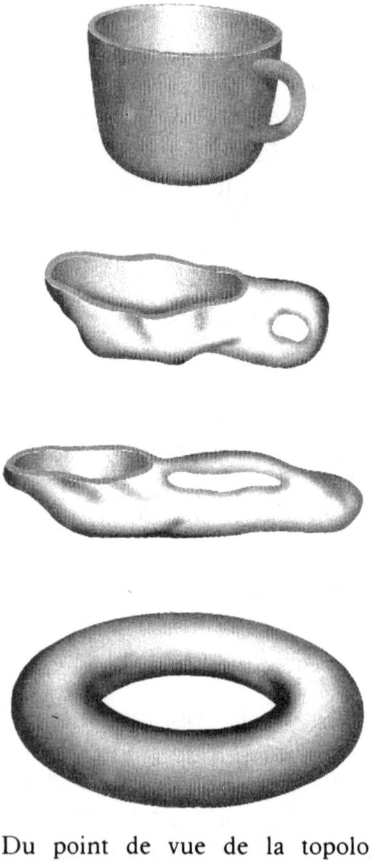

Fig. 4. – Du point de vue de la topologie, il est impossible de distinguer une tasse de thé d'un *doughnut* – tous deux comportent un trou. Il est donc possible de passer de la forme de la tasse de thé à celle du *doughnut* par une déformation continue, sans avoir à aucun moment besoin de déchirer ou de recoller des parties.

contrer un bord ou une limite. Nous pourrions dire que la courbure de la balle oblige la surface à « se fermer sur elle-même ».

Quelque chose de tout à fait semblable prévaut dans l'univers d'Einstein. Le volume de cet univers est fini, un observateur pourrait en principe en explorer tout l'espace, et pourtant il n'y a ni bord ni limite. L'espace se courbe sur lui-même et « se ferme » pour former un analogue tri-dimensionnel de la surface sphérique. Il n'est pas facile de se représenter visuellement cette situation, mais il n'est pas non plus indispensable d'essayer. Du point de vue mathématique, l'idée d'un espace sphérique (à proprement parler : hypersphérique) tri-dimensionnel fermé ne présente aucune difficulté et Einstein croyait que l'Univers avait réellement une extension spatiale finie. Mais dans ce modèle, le temps restait encore infini.

2. La cosmologie moderne

Le modèle statique d'univers proposé par Einstein a été l'une des grandes occasions manquées de la physique théorique; si Einstein s'en était tenu à sa première version de la relativité générale sans constante cosmologique, il aurait pu prédire que l'Univers devait être soit en expansion, soit en contraction. Mais dans les faits, on ne s'est rendu compte que l'Univers changeait dans le temps que lorsque des astronomes comme Slipher et Hubble ont commencé à observer le rayonnement issu d'autres galaxies. La lumière visible est faite d'ondes, comme les ondes radio mais avec une longueur d'onde – c'est-à-dire une distance entre deux crêtes successives – beaucoup plus courte. Si on fait passer de la lumière à travers un prisme, on observe qu'elle se décompose en ses longueurs d'onde, ou couleurs, constituantes, comme un arc-en-ciel. Slipher et Hubble trouvèrent les mêmes schémas caractéristiques de longueurs d'onde ou de couleurs que pour la lumière émise par les étoiles de notre galaxie, mais les spectres étaient tous décalés vers l'extrémité rouge du spectre, c'est-à-dire vers une région de plus grandes longueurs d'onde. La seule explication raisonnable de ce phénomène était que les galaxies s'éloignaient de nous. Dans ce cas en effet, la distance entre les crêtes d'onde augmenterait. De même, si on observe une lumière émise par une source qui se rapproche de nous, les crêtes d'onde se rapprochent et la longueur d'onde diminue. Cet effet est connu sous le nom d'effet Doppler et la police en fait bon usage pour mesurer la vitesse des voitures.

Au cours des années 1920, Hubble observa le fait remarquable que le décalage vers le rouge était proportionnel à la distance de la galaxie. Cela voulait dire que les autres galaxies s'éloignent de nous à un rythme proportionnel, en gros, à la distance qui les sépare de nous *(voir figure* 5*)*. Au lieu d'être statique comme on le pensait, l'Univers était en expansion. Le rythme de cette expansion est très faible : il faut environ vingt mille millions d'années pour que la distance entre deux galaxies soit multipliée par deux, mais cela change complètement la nature de la discussion sur la question de savoir si l'Univers a un commencement et une fin. Il ne s'agit plus d'une simple question métaphysique, comme dans le cas d'un univers statique; ainsi que je vais le montrer, il se pourrait qu'il y ait un commencement et une fin physiques tout à fait réels de l'Univers.

Le premier modèle réaliste d'univers en expansion qui soit compatible avec la théorie de la relativité générale d'Einstein et avec les observations de Hubble sur le décalage vers le rouge a été proposé par le physicien et mathématicien russe Alexander Friedmann, en 1922. Cette construction n'a d'ailleurs pas fait l'objet de beaucoup d'attention avant que des modèles analogues soient découverts par d'autres chercheurs vers la fin des années 1920. Dans le modèle de Friedmann comme dans ses généralisations ultérieures, on fait l'hypothèse que l'Univers est identique en tout point de l'espace et dans toutes les directions. Il est clair qu'en ce qui concerne notre environnement immé-

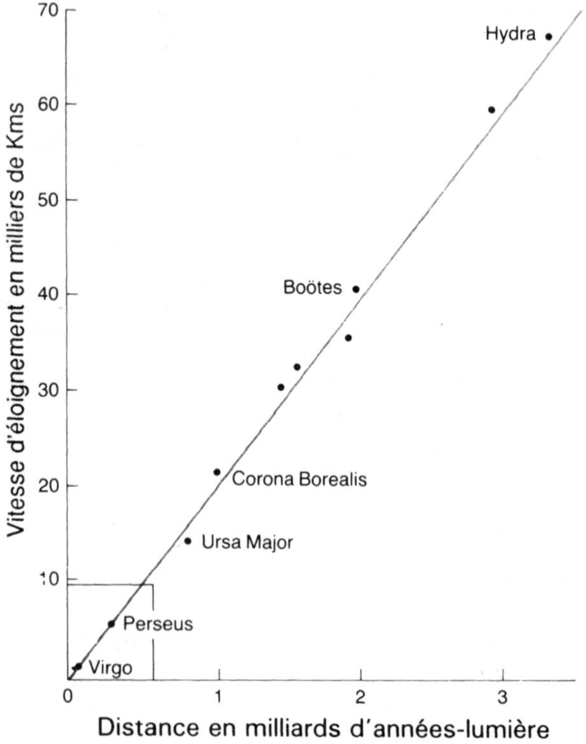

Fig. 5. – Courbe représentative de la vitesse par rapport à la distance montrant l'expansion de l'Univers. Le coin en bas à gauche est la région observée par Hubble jusqu'en 1929.

diat, cette approximation n'est pas bonne : il existe des irrégularités locales, la Terre et le Soleil par exemple, et il y a bien plus d'étoiles visibles dans la direction du centre de notre galaxie que dans les autres directions. Cependant, si nous nous tournons vers les galaxies éloignées, nous constatons qu'elles sont distribuées à peu près uniformément dans l'Univers, de la même manière dans toutes les directions. Il semble donc que l'approximation soit correcte à grande échelle.

Le témoignage le plus sûr que nous ayons en faveur de cette uniformité à grande échelle est celui des observations du « bruit de fond » de rayonnement micro-onde qui a été découvert en 1965 par Arno Penzias et Robert Wilson aux Bell Telephone Laboratories *(voir figure 6)*. L'Univers est dans une large mesure transparent pour les ondes radio, dont la longueur d'onde est de quelques centimètres, si bien que ce rayonnement doit avoir voyagé jusqu'à nous depuis des distances très grandes. S'il existait des irrégularités à grande échelle dans l'Univers, cela induirait des différences d'intensité dans le rayonnement qui nous atteint à partir de directions différentes. Pourtant, l'intensité observée est la même dans toutes les directions, à un très haut degré de précision (de l'ordre de 10^{-4}) ⋆.

⋆ Le satellite COBE vient d'observer (avril 92) des différences d'intensité de l'ordre de 10^{-5} *(N. de Ed.)*.

Fig. 6. – Arno Penzias et Robert Wilson, photographiés avec l'équipement qui leur a permis de détecter accidentellement, en 1965, la radiation thermique du Big Bang. Penzias et Wilson ont reçu le Prix Nobel en 1978 pour cette découverte importante.

Il existe trois sortes de modèles de Friedmann généralisés *(voir figure 7)*. Dans l'un de ces modèles, la vitesse avec laquelle les galaxies s'éloignent les unes des autres est suffisamment faible pour que l'attraction gravitationnelle qui existe entre elles finisse par les empêcher de s'éloigner et commence à les faire se rapprocher. L'Univers sera en expansion jusqu'à ce qu'il atteigne une taille maximum, puis il se contractera de nouveau. Dans le second modèle, les galaxies s'éloignent les unes des autres avec une vitesse si grande que la gravité ne peut jamais les arrêter et l'Univers sera éternellement en expansion. Il y a enfin un troisième modèle, dans lequel les galaxies s'éloignent les unes des autres exactement au rythme critique nécessaire pour empêcher que l'Univers ne se recontracte. Nous devrions en principe pouvoir déterminer lequel de ces modèles correspond à notre univers en comparant le rythme actuel de l'expansion avec la densité de masse moyenne actuelle. La masse de matière que nous pouvons observer directement dans l'Univers n'est pas suffisante pour arrêter l'expansion. Toutefois, nous avons des témoignages indirects du fait qu'il existe davantage de masse que nous ne pouvons en voir; on appelle parfois ce phénomène le problème de la *matière noire*. La question de savoir si cette masse « invisible » suffit à arrêter l'expansion reste en définitive une question ouverte.

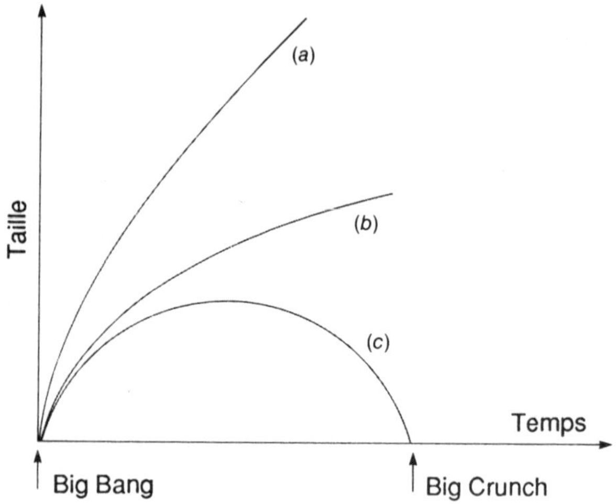

Fig. 7. – Le rayon d'une région particulière de l'Univers est représenté comme une fonction du temps dans trois types distincts de modèles de Friedmann. Dans (a), l'Univers a une faible densité et échappe à sa propre gravité. Le rythme de l'expansion se rapproche d'une valeur uniforme. La courbe (b) correspond au cas critique dans lequel l'Univers échappe tout juste à sa propre gravité. Il continue son expansion indéfiniment, mais à un rythme décroissant. La courbe (c) correspond à un univers de forte densité. Après une expansion jusqu'à une taille maximum, il se recontracte et finit par s'effacer lui-même de l'existence dans un Big Crunch.

3. La singularité du Big Bang

Dans le modèle de Friedmann où l'Univers finit par se recontracter, l'espace est fini mais illimité, comme dans le modèle statique d'Einstein. Dans les deux autres modèles de Friedmann, où l'expansion est éternelle, l'espace est infini. Mais dans les trois modèles, le temps a une limite, un bord. L'expansion commence avec un état de densité infinie qu'on appelle la singularité du Big Bang. La meilleure manière de se représenter visuellement le Big Bang est d'imaginer un film de l'Univers en expansion, qu'on ferait passer à l'envers. Une région sphérique donnée de l'Univers se rétrécit alors de plus en plus vite, jusqu'à ce que son rayon s'annule. A ce point de jonction, la totalité de la matière et de l'énergie qui étaient contenues dans ce volume sphérique d'espace sera comprimée en un point unique, une singularité. Dans ce modèle idéalisé, on se représente la totalité de l'Univers observable comme quelque chose qui était au début comprimé en un point de ce genre. De plus, dans le modèle avec recontraction, l'univers à sa fin se réduit en dernière instance à une singularité – c'est ce qu'on appelle le Big Crunch.

Si on prend au sérieux les singularités de ces modèles idéalisés, alors un certain nombre de conclusions en découlent. Du fait de la compression infinie de la matière et de l'énergie, la courbure de l'espace-temps est également infinie au niveau des singularités de Friedmann. Dans ces circonstances, les concepts d'espace et de temps cessent d'avoir une signification. Et comme toutes les théories scientifiques actuelles sont formulées sur une base spatio-temporelle, ces théories aussi cessent de s'appliquer à ces singularités. Si bien qu'à supposer qu'il y ait des événements antérieurs au Big Bang, on ne pourrait pas prédire à partir de ces événements l'état actuel de l'Univers, parce que la prédictibilité serait rompue au moment du Big Bang. De même, il n'existe aucun moyen de déterminer ce qui s'est passé avant le Big Bang à partir de la connaissance des événements qui lui ont succédé. Cela signifie que l'existence ou la non-existence d'événements antérieurs au Big Bang est purement métaphysique ; ces événements n'ont aucun effet sur l'état actuel de l'Univers. On peut légitimement leur appliquer le principe d'économie, connu sous le nom de rasoir d'Occam, pour les éliminer de la théorie et poser que le temps a commencé avec le Big Bang. De même, il n'existe aucun moyen pour nous de prédire ou d'influencer les éventuels événements postérieurs au Big Crunch, de sorte qu'on peut tout aussi bien considérer ce dernier comme la fin du temps.

Ce commencement du temps et cette possible fin du temps que prédisent les solutions de Friedmann diffèrent beaucoup des théories antérieures. Avant les solutions de Friedmann, le commencement ou la fin du temps étaient quelque chose qui devait être imposé de l'extérieur de l'Univers; il n'y avait aucune nécessité pour un tel commencement ou une telle fin. Dans les modèles de Friedmann, au contraire, le commencement et la fin du temps se produisent pour des raisons dynamiques. On peut encore imaginer que l'Univers a été créé par un agent extérieur, dans un état qui correspondrait à un certain instant légèrement postérieur au Big Bang, mais cela ne présenterait aucun sens de dire qu'il a été créé *avant* le Big Bang. En nous fondant sur le rythme actuel de l'expansion de l'Univers, nous pouvons estimer que le Big Bang a dû se produire quelque part dans un intervalle entre dix et vingt mille millions d'années avant notre époque.

Nombreux étaient ceux qui éprouvaient des réticences à l'égard de l'idée que le temps ait un commencement ou une fin, en raison de ses connotations religieuses. Il y a donc eu un certain nombre de tentatives pour éviter cette conclusion. L'une de ces tentatives est le modèle d'univers « d'état stationnaire » proposé en 1948 par Herman Bondi, Thomas Gold et Fred Hoyle. Ce modèle suggère que, tandis que les galaxies s'éloignent de plus en plus les unes des autres, de nouvelles galaxies se forment dans les interstices à partir d'une « création continue » de matière. L'Univers aurait donc toujours eu à peu près la même allure à tous les moments du temps et sa densité serait en gros constante. Le principal mérite de ce modèle était qu'il permettait de faire des prédictions précises susceptibles d'être mises à l'épreuve par les observations. Malheureusement, les observations des radiosources faites par Martin Ryle et ses collaborateurs, à Cambridge, dans les années 1950 et au début des années 1960, ont montré que leur nombre a dû être plus grand dans le passé qu'il n'est actuellement, ce qui contredit le modèle de l'état stationnaire.

Ce modèle de l'état stationnaire a été définitivement enterré avec la découverte par Penzias et Wilson d'un « bruit de fond » de rayonnement-micro-onde dans lequel la totalité du cosmos semble baigner uniformément. Les mesures faites sur le spectre de ce rayonnement révèlent qu'il porte l'empreinte indubitable de l'équilibre thermique, en d'autres termes c'est un spectre de corps noir, correspondant à une température légèrement inférieure à 3K *(voir figure 8).* Ce rayonnement thermique a une explication très naturelle dans la théorie du

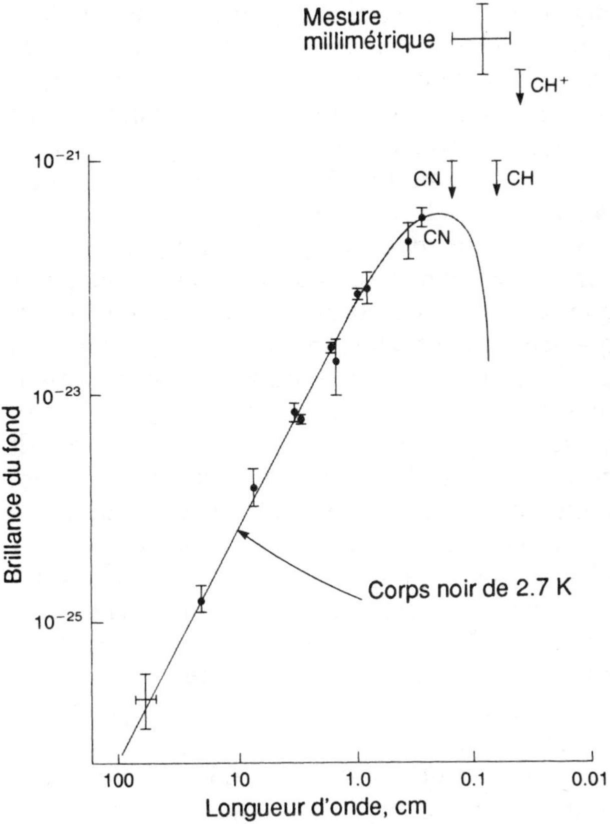

Fig. 8. – Mesures du fond isotrope aux longueurs d'ondes radio, comparées avec un spectre de corps noir de 2.7 K. Les limites supérieures obtenues à partir des molécules interstellaires sont en désaccord dans le domaine millimétrique, ce qui correspond peut-être à une raie spectrale qui se superpose au fond continu.

Big Bang – c'est une relique de la chaleur primordiale qui a accompagné le Big Bang. Or, le modèle de l'état stationnaire ne prévoyait pas l'existence dans le passé d'une phase dense et chaude susceptible d'avoir émis ce rayonnement thermique. Sa présence n'admettait dans ce modèle aucune explication naturelle.

Une autre tentative pour éviter l'idée d'un commencement du temps a consisté à suggérer que la singularité pourrait n'être qu'une conséquence du haut degré de symétrie des solutions de Friedmann. Cela réduisait le mouvement relatif de deux galaxies quelconques à être parallèle à la droite qui les joint. Il n'y aurait donc rien eu d'étonnant à ce qu'elles entrent toutes en collision les unes avec les autres à un certain moment. Pourtant, dans l'Univers réel, les galaxies devraient aussi avoir certaines vitesses aléatoires perpendiculairement à la droite qui les joint. On pourrait penser que ces vitesses transverses font que les galaxies se manquent et permettent à l'Univers de passer d'une phase de contraction à une phase d'expansion sans que la densité en devienne jamais infinie. De fait, en 1963, deux savants russes, E. Lifschitz et I. Kaltnikov, ont affirmé qu'un tel phénomène pouvait se produire dans à peu près n'importe quelle solution des équations de la relativité générale. Ils fondaient cette affirmation sur le fait que toutes les solutions avec singularité qu'ils avaient construites devaient satisfaire certaines contraintes ou symétries. Toutefois ils se sont rendu compte par la suite qu'il existait une classe de solutions plus générale qui n'était pas tenue d'obéir à quelque contrainte ou symétrie que ce soit.

Cela montrait que des singularités *pouvaient* se présenter dans les solutions globales de la relativité générale, mais cela ne répondait pas à la question de savoir si elles se présenteraient *nécessairement.* On a démontré entre 1965 et 1970 un certain nombre de théorèmes d'où il ressort que tout modèle d'univers respectant la relativité générale, satisfaisant à une ou deux autres hypothèses raisonnables et contenant autant de matière que celle que nous observons dans l'Univers, doit présenter une singularité de type Big Bang. Les mêmes théorèmes prédisent qu'il y aura une singularité qui marquera la fin du temps si la totalité de l'Univers se contracte de nouveau. Même si l'expansion de l'Univers est trop rapide pour qu'il se contracte dans sa totalité, il faut s'attendre cependant à ce que certaines régions localisées, par exemple des étoiles massives qui ont entièrement brûlé, s'effondrent et forment des trous noirs. Les théorèmes prédisent que les trous noirs contiendront des singularités qui seront la fin du temps pour quiconque sera assez malchanceux ou téméraire pour y tomber.

4. Le salut est-il dans la théorie quantique?

La théorie de la relativité générale d'Einstein est probablement l'une des deux plus grandes réussites intellectuelles du XXe siècle. Mais dans la mesure où elle est ce qu'on appelle une théorie classique, elle est incomplète au sens où elle n'incorpore pas le principe d'indétermination qui caractérise ce qui constitue l'autre grande découverte de ce siècle : la mécanique quantique. Le principe d'indétermination affirme que certains couples de grandeurs, par exemple la position et la vitesse d'une particule, ne peuvent pas être prédits simultanément avec un degré de précision aussi grand qu'on le souhaite. Plus la précision est grande sur la prédiction de la position de la particule, plus elle est faible sur la prédiction de sa vitesse, et vice versa. La mécanique quantique a été développée dans les premières années de ce siècle pour décrire le comportement de systèmes très petits tels que les atomes ou les particules élémentaires individuelles. Une difficulté se présentait en particulier en ce qui concernait la structure de l'atome dont on supposait qu'il était formé d'un certain nombre d'électrons en orbite autour du noyau central, comme les planètes autour du Soleil. La théorie classique antérieure prédisait que chaque électron devait émettre un rayonnement du fait de son mouvement. Les ondes de ce rayonnement provoqueraient une déperdition d'énergie et les électrons tomberaient alors en spirale vers l'intérieur jusqu'à ce qu'ils entrent en collision avec le noyau. Mais la mécanique quantique ne permet pas un tel comportement parce qu'il violerait le principe d'indétermination : si un électron devait se trouver immobile sur le noyau, il aurait une position et une vitesse bien définies simultanément. La mécanique quantique prédit au contraire que l'électron n'a pas de position bien définie, mais que la probabilité de le trouver est étalée dans une certaine région autour du noyau, la densité de probabilité restant finie même au niveau du noyau.

La prédiction de la théorie classique selon laquelle il y a une densité de probabilité infinie de trouver l'électron au niveau du noyau est assez semblable à la prédiction de la relativité générale classique selon laquelle il doit y avoir une singularité de Big Bang de densité infinie. On pourrait donc espérer que, si on parvenait à combiner la relativité générale et la mécanique quantique en une théorie de la gravitation quantique, on trouverait un étalement des singularités de l'effondrement gravitationnel ou de l'expansion, comme dans le cas de l'effondrement de l'atome.

La première indication du fait qu'il pourrait en être ainsi est venue de la découverte que les trous noirs, qui sont formés par l'effondrement de régions localisées, par exemple des étoiles, n'étaient pas complètement noirs si on tenait compte du principe d'indétermination de la mécanique quantique. Un trou noir émettrait au contraire un rayonnement et des particules, de même qu'un corps chauffé, cela à une température d'autant plus grande que la masse du trou noir est plus petite. Le rayonnement produirait une déperdition d'énergie et donc une réduction de la masse du trou noir, ce qui, à son tour, augmenterait le rythme de l'émission. Apparemment le trou noir finirait par disparaître complètement dans une formidable explosion de rayonnement. Toute la matière dont l'effondrement avait formé le trou noir, et tous les astronautes assez malchanceux pour être tombés dedans, disparaîtraient totalement, du moins de notre région de l'Univers. Toutefois l'énergie correspondant à leur masse, selon la fameuse équation d'Einstein $E = mc^2$, survivrait pour être émise par le trou noir sous forme de rayonnement. L'énergie de masse de l'astronaute serait ainsi recyclée dans l'Univers. Mais ce type d'immortalité serait assez frustrant, puisque le concept subjectif de temps qu'avait l'astronaute deviendrait presque certainement un concept mort et que les particules dont l'astronaute était composé ne seraient vraisemblablement pas les mêmes que celles qui seraient réémises par le trou noir. Néanmoins, l'évaporation du trou noir indique que l'effondrement gravitationnel pourrait ne pas conduire à la fin complète du temps.

5. *Le problème des conditions initiales*

Si l'espace-temps a un bord ou une limite au niveau d'une singularité, le vrai problème qui se pose est que les lois de la science ne déterminent pas l'état initial de l'Univers en cette singularité, mais seulement la manière dont il évolue ensuite. Ce problème resterait posé même s'il n'y avait pas de singularité et si le temps s'étendait indéfiniment vers le passé : les lois de la science ne pourraient pas fixer ce qu'était l'état de l'Univers dans un passé infini. Si on veut sélectionner un état particulier de l'Univers parmi l'ensemble de tous les états possibles que les lois autorisent, il faut ajouter à ces lois des conditions aux limites qui indiquent ce qu'était l'état de l'Univers à une singularité initiale ou dans le passé infini. Beaucoup de scientifiques éprouvent des réticences à parler des conditions initiales de l'Univers parce qu'ils pensent qu'on tombe alors dans les domaines de la métaphysique ou de la religion. Après tout on pourrait dire, selon eux, que l'Univers a commencé dans un état totalement arbitraire.

C'est peut-être le cas, mais alors il aurait pu également évoluer de manière totalement arbitraire. Pourtant, tous les témoignages dont nous disposons suggèrent qu'il a évolué d'une façon bien déterminée et selon certaines lois. Il n'est donc pas déraisonnable de supposer qu'il existe peut-être aussi des lois simples qui gouvernent les conditions aux limites et qui déterminent l'état de l'Univers.

Dans la théorie de la relativité générale classique, qui n'incorpore pas le principe d'indétermination, l'état initial de l'Univers est un point de densité infinie. Il est très difficile de définir ce que pourraient être les conditions aux limites de l'Univers en une singularité de ce genre. Pourtant, si on fait intervenir la mécanique quantique, cela ouvre une nouvelle possibilité, en l'occurrence celle que la singularité ait pu être étalée. La question se pose alors de savoir quelle forme, si ce n'est pas une forme correspondant à un point de courbure infinie, pourrait prendre l'espace et le temps.

Pour explorer ce point, il est nécessaire de tenir compte d'une propriété curieuse que la mécanique quantique peut conférer à l'espace-temps. Dans la théorie de la relativité, l'espace et le temps sont étroitement liés. En fait, les physiciens préfèrent considérer l'espace et le temps ensemble comme formant un continuum d'espace-temps quadridimensionnel, trois dimensions d'espace plus une de temps. En dépit de cette association étroite, certaines différences persistent entre l'espace et le temps d'un point de vue physique. L'une de ces différences porte sur la mesure de la distance, ou de l'intervalle, quadridimensionnelle entre deux points de l'espace-temps. Si les points sont davantage séparés dans le temps que dans l'espace (par exemple, des moments successifs dans un même lieu de l'espace), alors le carré de la séparation quadridimensionnelle est négatif. En revanche, la séparation quadridimensionnelle de deux points dans l'espace-temps dans le cas où la séparation spatiale excède la séparation temporelle (par exemple des événements simultanés dans des lieux différents) a un carré positif.

Au tout début de l'Univers, quand l'espace était très comprimé, l'effet d'étalement dû au principe d'indétermination a pu modifier cette distinction fondamentale entre l'espace et le temps. Il est possible sous certaines circonstances que le carré de la séparation temporelle devienne positif. Quand cela se produit, l'espace et le temps perdent ce qui continuait à les distinguer – nous pourrions dire que le temps devient entièrement spatialisé – et il est alors plus exact de parler, non pas de l'espace-temps, mais d'un espace quadridimensionnel. Les calculs suggèrent que cet état de choses est impossible à éviter si on considère la géométrie de l'Univers au cours de la première minuscule fraction d'une seconde. La question qui se pose alors est celle de la nature de cette géométrie de l'espace quadridimensionnel qui doit d'une manière ou d'une autre rejoindre sans heurts l'espace-temps plus familier, une fois que les effets quantiques d'étalement se sont effacés.

L'une des possibilités est que cet espace quadridimensionnel se courbe pour former une surface close, sans aucun bord ni limite, d'une manière tout à fait analogue à la surface d'une balle ou à l'univers d'Einstein, mais cette fois en *quatre* dimensions. Dans le cas du modèle d'univers avec recontraction, pour lequel les trois dimensions spatiales ordinaires sont déjà fermées en une hypersphère, cette nouvelle suggestion impliquerait que la totalité de l'espace-temps soit finie et sans limite. Cela voudrait dire alors que l'Univers est complètement autosuffisant *(self-contained)* et qu'il *n'avait pas besoin* de conditions aux limites. On ne serait pas tenu de préciser l'état dans le passé infini et il n'y aurait aucune singularité à laquelle les lois de la physique cesseraient de s'appliquer. On pourrait dire que les conditions aux limites de l'Univers sont justement qu'il n'a pas de limite.

Il faut insister sur le fait qu'il ne s'agit ici que d'une *suggestion* concernant les conditions aux limites de l'Univers. Il est impossible de déduire ces conditions d'un autre principe ; tout ce qu'on peut faire, c'est simplement choisir un ensemble raisonnable de conditions aux limites, calculer ce que ces conditions prédisent quant à l'état présent de l'Univers et voir si ces prédictions sont en accord avec les observations. Les calculs sont très difficiles et n'ont été effectués jusqu'à présent que dans des modèles simples possédant un haut degré de symétrie. Pourtant les résultats sont très encourageants. Ils prédisent que l'Univers a dû commencer dans un état assez uniforme et lisse. Puis il aurait connu une période d'expansion exponentielle ou « inflationniste » durant laquelle sa taille aurait été multipliée par un facteur très grand, mais sans que sa densité soit modifiée. L'Univers serait alors devenu extrêmement chaud et aurait connu une expansion jusqu'à l'état dans lequel nous le voyons aujourd'hui, en se refroidissant au cours de cette expansion. Il serait uniforme et identique dans toutes les directions à très grande échelle, mais il contiendrait des irrégularités locales susceptibles de donner des étoiles et des galaxies.

Que s'est-il passé au commencement de l'expansion de l'Univers ? L'espace-temps avait-il un bord au moment du Big Bang ? La réponse est que, si les conditions aux limites de l'Univers sont qu'il n'existe pas de limite, alors le temps cesse d'être bien défini dans le tout premier âge de l'Univers, exactement de la même manière que la direction du « nord » cesse d'être bien définie au pôle Nord de la Terre. Demander ce qui s'est passé avant le Big Bang reviendrait à chercher un point qui soit à un kilomètre au nord du pôle Nord. Le temps, en tant que grandeur que nous mesurons, a un commencement mais cela ne veut pas dire que l'espace-temps ait un bord, exactement de la même manière qu'il n'y a pas de bord de la surface de la Terre au pôle Nord – du moins, c'est ce qu'on m'a dit : je n'y suis pas allé moi-même.

Si l'espace-temps est effectivement infini mais dépourvu de limite ou de bord, cela a des conséquences philosophiques importantes. Cela voudrait dire que nous pouvons décrire l'Univers au moyen d'un modèle mathématique qui aura été entièrement déterminé par les lois de la science seule : il n'y aurait pas besoin d'ajouter à ces lois des conditions aux limites. Nous ne connaissons pas encore la forme précise des lois ; pour l'instant, nous avons un certain nombre de lois partielles qui ne gouvernent le comportement de l'Univers que sous des conditions absolument extrêmes. Il semble pourtant probable que ces lois forment toutes une partie de quelque théorie unifiée que nous avons encore à découvrir. Nous faisons des progrès et il y a de fortes probabilités que nous découvrions cette théorie d'ici la fin du siècle.

A première vue, il pourrait sembler que cela nous permette de tout prédire dans l'Univers. Et pourtant nos pouvoirs de prédiction seront sévèrement limités : d'abord par le principe d'indétermination qui énonce qu'on ne peut pas prédire avec exactitude certaines grandeurs, mais seulement leur distribution de probabilité, et ensuite, de manière encore plus importante, par la complexité des équations, qui les rend impossibles à résoudre sauf dans des situations très simples. Nous serions donc encore très loin de l'omniscience.

TABLE DES MATIÈRES

Champs sciences

BARROW John D.

La grande théorie. Les limites d'une explication globale en physique.

BERNARD Claude

Introduction à l'étude de la médecine expérimentale.

BERTOUT Claude

Naissance et évolution des systèmes planétaires.

BITBOL Michel

L'aveuglante proximité du réel. Anti-réalisme et quasi-réalisme en physique.

Mécanique quantique. Une introduction philosophique.

Physique et philosophie de l'esprit.

BRADU Pascal

L'univers des plasmas.

DE BROGLIE Louis

Nouvelles perspectives en microphysique.

La physique nouvelle et les quanta.

BRUNHES Bernard

La dégradation de l'énergie.

CAVALLI-SFORZA Luca et Francesco

Qui sommes-nous ? Une histoire de la diversité humaine.

CHAUVET Gilbert

La vie dans la matière. Le rôle de l'espace en biologie.

COLLECTIF

Le savant et la foi.

COMBES Claude

L'art d'être parasite. Les associations du vivant.

COUTEAU Paul

Le grand escalier. Des quarks aux galaxies.

Les rêves de l'infini.

CREVIER Daniel

À la recherche de l'intelligence artificielle.

DACUNHA-CASTELLE Didier

Chemins de l'aléatoire. Le hasard et le risque dans la société moderne.

DAVID Patrice, SAMADI Sarah

La théorie de l'évolution. Une logique pour la biologie.

DAVIES Paul

Les forces de la nature.

DEBRÉ Patrice

Louis Pasteur.

DELSEMME Armand, PECKER Jean-Claude, REEVES Hubert

Pour comprendre l'univers.

DELSEMME Armand

Les origines cosmiques de la vie.

DENTON Derek

L'émergence de la conscience. De l'animal à l'homme.

DENTON Michael

Évolution. Une théorie en crise.

DINER Simon, FARGUE Daniel, LOCHAK Georges

L'objet quantique.

DROUIN Jean-Marc

L'écologie et son histoire. Réinventer la nature.

ECCLES John

Évolution du cerveau et création de la conscience. À la recherche de la vraie nature de l'homme.

EINSTEIN Albert, INFELD Leopold

L'évolution des idées en physique.

EINSTEIN Albert

Comment je vois le monde.

Conceptions scientifiques.

FLECK Ludwik

Génèse et développement d'un fait scientifique.

FLEURY Vincent

Des pieds et des mains. Genèse des formes de la nature.

FRANCK Philippe

Einstein, sa vie, son temps.

GELL-MANN Murray
Le Quark et le Jaguar.

GLEICK James
La théorie du chaos.

GRIBBIN John
À la poursuite du big-bang.
Le chat de Schrödinger. Physique quantique et réalité.

HAMBURGER Jean
L'aventure humaine.

HAWKING Stephen
Commencement du temps et fin de la physique ?
Une belle histoire du temps.
Une brève histoire du temps. Du big-bang aux trous noirs.

HEISENBERG Werner
La partie et le tout. Le monde de la physique atomique. Souvenirs 1920-1965.

HURWIC Anna
Pierre Curie.

JACQUARD Albert
Idées vécues.
La légende de demain.
La légende de la vie.

KLEIN Étienne
Il était sept fois la révolution. Albert Einstein et les autres...
Le facteur temps ne sonne jamais deux fois.
Les tactiques de chronos.
Petit voyage dans le monde des quanta.

KLEIN Étienne, SPIRO Michel (dir.)
Le temps et sa flèche.

KÜHN Thomas S.
La structure des révolutions scientifiques.

LAMBERT Dominique, REZSÖHAZY René
Comment les pattes viennent au serpent. Essai sur l'étonnante plasticité du vivant.

LASZLO Pierre
Architecture du vivant.

LEAKEY Richard E., LEWIN Roger
La sixième extinction. Évolution et catastrophes.
Les origines de l'homme.

LEHOUCQ Roland
L'univers a-t-il une forme ?

LE TREUT Hervé, JANCOVICI Jean-Marc
L'effet de serre. Allons-nous changer le climat ?

LINES Malcolm E.
Dites un chiffre. Idées et problèmes mathématiques qui défient notre intelligence.

LLOYD G.E.R.
Origines et développement de la science grecque.

LOCHAK Georges
La géométrisation de la physique.
Louis de Broglie. Un prince de la science.

LORENZ Konrad, POPPER Karl
L'avenir est ouvert.

LORENZ Konrad
L'agression.
L'envers du miroir.
Les fondements de l'éthologie.

LOVELOCK James
La terre est un être vivant. L'hypothèse Gaïa.

MANDELBROT Benoît
Fractales, hasard et finance.
Les objets fractals. Forme, hasard et dimension.

MERLEAU-PONTY Jacques
Einstein.

MINSTER Jean-François
La machine-océan.

NEUMANN John (von)
L'ordinateur et le cerveau.

NOTTALE Laurent
L'univers et la lumière.

PELT Jean-Marie, SÉRALINI Gilles-Éric
Après nous le déluge ?

PENROSE Roger
Les deux infinis et l'esprit humain.

PERRIN Jean
Les atomes.

PICHOT André
Histoire de la notion de gène.
La société pure. De Darwin à Hitler.

PLANCK Max

Autobiographie scientifique et derniers écrits.
Initiations à la physique.

POINCARÉ Henri

La science et l'hypothèse.
La valeur de la science.

POPPER Karl

La connaissance objective.

PRIGOGINE Ilya

Les lois du chaos.

PRIGOGINE Ilya, STENGERS Isabelle

Entre le temps et l'éternité.

REICHHOLF Josef

L'émancipation de la vie.
L'émergence de l'homme.
Le retour des castors. Surprises écologiques.

ROBERT Ladislas

Les horloges biologiques. Histoire naturelle du vieillissement : de la cellule à l'homme.
Le vieillissement du cerveau. Parkinson, Alzheimer et autres démences.

ROSENFIELD Israel

L'étrange, le familier, l'oublié. Une anatomie de la conscience.
L'invention de la mémoire.

RUFFIÉ Jacques

De la biologie à la culture.
Traité du vivant.

RUFFIÉ Jacques, SOURNIA Jean-Charles

Les épidémies dans l'histoire de l'homme. De la peste au sida.

SALOMON-BAYET Claire

L'institution de la science et l'expérience du vivant

SAPOVAL Bernard

Universalités et fractales.

SCHWARTZ Daniel

Le jeu de la science et du hasard. La statistique et le vivant.

SELLERI Franco

Le grand débat de la théorie quantique.

SÉRALINI Gilles-Éric

Génétiquement incorrect.
Ces OGM qui changent le monde.

SERRES Michel

Les origines de la géométrie.

SHAPIRO Robert

L'origine de la vie. Le sceptique et le gourou.

SMOOT George, DAVIDSON Keay

Les rides du temps. L'univers, trois cent mille ans après le big-bang.

SQUIRE Larry R., KANDEL Eric R.

La mémoire. De l'esprit aux molécules.

STENGERS Isabelle

L'invention des sciences modernes.

STEWART Ian

Dieu joue-t-il aux dés ? Les mathématiques du chaos.

TESTART Jacques

Le désir du gène.
L'œuf transparent.

THOM René

Paraboles et catastrophes. Entretiens sur les mathématiques, la science et la philosophie.
Prédire n'est pas expliquer.

THORNE Kip S.

Trous noirs et distorsions du temps.

TRINH Xuan Thuan

Un astrophysicien.

TUBIANA Maurice

Histoire de la pensée médicale. Les chemins d'Esculape.

ULLMO Jean

La pensée scientifique moderne.

DE WAAL Frans

De la réconciliation chez les primates.

WEYL Hermann

Symétrie et mathématique moderne.

WILLS Christopher

La Sagesse des gènes. Nouvelles perspectives sur l'évolution.

Achevé d'imprimer en avril 2011
sur les presses de l'imprimerie Maury-Imprimeur
45330 Malesherbes

N° d'édition : L.01EHQN000573.N001
Dépôt légal : mai 2011
N° d'impression : 11/04/163975

Imprimé en France